不同城市化水平下PM2.5污染健康风险评估及补偿机制研究

刁贝娣　董　锋　著

中国财经出版传媒集团
中国财政经济出版社
·北京·

图书在版编目（CIP）数据

不同城市化水平下PM2.5污染健康风险评估及补偿机制研究/刁贝娣，董锋著.--北京：中国财政经济出版社，2024.6

ISBN 978-7-5223-2131-8

Ⅰ.①不… Ⅱ.①刁… ②董… Ⅲ.①城市空气污染-影响-健康-风险评价-研究-中国 ②城市空气污染-补偿机制-研究-中国 Ⅳ.①X51

中国国家版本馆CIP数据核字（2023）第056587号

责任编辑：彭　波　　　　责任印制：史大鹏

封面设计：卜建辰　　　　责任校对：张　凡

不同城市化水平下PM2.5污染健康风险评估及补偿机制研究

BUTONG CHENGSHIHUA SHUIPINGXIA PM2.5 WURAN JIANKANG FENGXIAN PINGGU JI BUCHANG JIZHI YANJIU

中国财政经济出版社 出版

URL：http：//www.cfeph.cn

E-mail：cfeph@cfeph.cn

社址：北京市海淀区阜成路甲28号　邮政编码：100142

营销中心电话：010-88191522

天猫网店：中国财政经济出版社旗舰店

网址：https：//zgczjjcbs.tmall.com

中煤（北京）印务有限公司印刷　各地新华书店经销

成品尺寸：170mm×240mm　16开　13.25印张　200 000字

2024年6月第1版　2024年6月北京第1次印刷

定价：78.00元

ISBN 978-7-5223-2131-8

（图书出现印装问题，本社负责调换，电话：010-88190548）

本社图书质量投诉电话：010-88190744

打击盗版举报热线：010-88191661　QQ：2242791300

前　言

我国现阶段城市中人口和工业快速聚集，城市化程度不断提升，带来了严重的资源环境问题，尤其是大气污染问题。特别是在城市化初级阶段的中国，城市的工业发展、人群密集居住、交通拥挤等原因造成大气污染的加剧。同时，大多城市的高人口密度及人口流动导致暴露于污染下的人口数量增多，高污染高暴露致使城市健康问题的凸显，这些居民健康问题也必将带来一定的经济损失。根据健康中国建设的要求，对城市大气污染造成的居民健康风险和经济损失进行合理评估，对环境卫生政策规划具有重要意义。

基于遥感影像采集2006~2016年中国31个省区市的338个城市的PM2.5数据以及社会经济相关数据，利用空间面板模型（SDM）分别分析大气污染与城市化发展水平（分别用人口城市化率和夜间灯光数据来代表）之间的关系。在此基础上，结合人口密度数据，利用暴露响应函数提供对338个城市全面的健康风险评估，然后结合早逝带来的经济损失及相关医疗消费数据（中国卫生与计划生育统计年鉴），采用生命统计价值法（VSL）和疾病成本法（COI）计算经济损失。同样建立以城市化发展水平为主要因素的面板模型，分析并检验不同城市化水平下的健康风险和经济损失，探究城市化与经济损失的内在联系，使城市和国家政策制定者意识到大气污染带来的巨大威胁，以加强他们在改善空气质量方面的努力。最后根据MEIC（中国多尺度排放清单模型）团队提供的排放量网格化数据，并结合华盛顿大学InMAP研究团队的InMAP模型，定量计算大气污染物的空间溢出量，据此定量核算大气生态补偿金额，期望建立一个全国性的生态补偿机制。最终得到以下结论：

（1）在城市尺度上（全国338个城市），分析了城市化发展水平对PM2.5污染的影响。首先，整个国家的PM2.5污染至今未得到基本改善，到2016年，仍存在超过65%的城市和75%的人口暴露于PM2.5浓度超过$35\mu g/m^3$的污染环境。为了探究城市化水平变化对污染的影响，选择构建以城市化发展水平为主要解释变量的模型，包括用人口城市化率和夜间灯光数据来分别代表的一次项、二次项和三次项等六种模型：①PU2（人口城市化率二次项模型）与PU3（人口城市化率三次项模型）在人口城市化率低于10%左右时出现差异，但除此之外均属于随城市化率的增加，PM2.5浓度不断降低的状态。PD2（灯光数据二次项模型）与PD3（灯光数据三次项模型）在城市化水平也就是DN值低于15前，PM2.5浓度随城市化水平的增高而不断升高。②PU3（人口城市化率二次项模型）与PD2（灯光数据二次项模型）的拟合结果出现了一定的相似性，出现了经典的倒"U"形曲线规律，均呈现先随着城市化的升高而升高，经过一个拐点后进而随着城市化的升高而降低的规律。③相比普通面板检验，空间计量面板考虑城市间相互作用因素后，由坏转好的改善拐点滞后，说明城市间大气污染物的扩散加速了空气质量的恶化，相应地，在一定程度上延缓了空气质量的改善。同时，进一步说明单一城市的空气质量改善难度极大，并有可能受外在城市干扰，从而影响最终空气质量结果。未来的空气环境质量改善，将是一个区域性共同攻克和努力的结果。

（2）在不同城市化水平下，探讨了PM2.5健康风险及经济损失的区域差异。2016年PM2.5污染导致的过早死亡、呼吸系统疾病和心血管疾病分别为0.901万人、806万人和47.6万人，慢性支气管炎、急性支气管炎、哮喘患者分别为133万人、138万人、315万人。同时，因PM2.5污染造成的死亡或发病产生的经济损失达1.846万亿元，占全年GDP的2.73%。随着不同城市城市化水平的提高，PM2.5污染带来的健康风险和经济损失增加，但地区间存在显著差异。为探究健康风险与经济损失与城市化的关系，分别构建以城市化发展水平（以灯光数据代表）为主要解释变量的模型，包括一次项、二次项和三次项等六种模型。①HD（健康风险模型）和ED（经济损失模型）的拟合结果具有相似性，如仅有含二次项的HD2（健康风险二次项模型）和ED2（经济损失二次项模型）的普通面板拟合时存在拐点，且均是在城市化水平较高的情况下才出现由恶化到优化的拐点。②含三次项的模型，包括HD3（健康风险三次项模型）和ED3（经济损失三次项模型）两个模型显示，在研究时段内，均不存在拐点，且随着城市化水平的不断提高，表现出城市居民的健康风险不断增大，相关的经济损失也不断增加。③相比普通面板检验，空间计量面板考虑城市间相互作用因素后，由坏转好的改善拐点滞后，变成在具有实际意义的取值范围内不存在拐点了。最后，结合城市化水平和经济损失，将338个城市分为A类（非重点区域）、B类（成功区域）、C类（潜力区域）、D类（重点区域）四类，并针对城市特性，给出相应的政策启示。

（3）从污染的空间溢出效应出发，基于InMAP模型厘定了PM2.5污染跨区域传播带来的溢出效应。具体地，定量估算PM2.5的空间溢出量，选用排放数据和InMAP模型来计算各省域及地级市地区间空间溢出情况，估算污染溢出带来的相关的健康风险及经济损失。PM2.5排放与污染的SMI（空间分离指数）值为98.698，说明PM2.5排放与浓度之间的空间不匹配现象极为显著。由InMAP计算出各省区市的污染溢出量产生的影响，总的来看，每个省域的排放量对本地PM2.5浓度的影响最大，其次是其距离较近的周边地区。污染排放造成全国31个省区市健康终端变化最多的是河南、四川、山东和江苏四个省，而本省健康终端变化最大的为山东、河南、江苏、安徽四个省。相对来说，由于人口密度较高、污染物排放量较大，空气质量相对较差等原因，山东、河南、江苏既是造成健康风险最大的地区也是本地健康风险最大的地区。支付补偿金额最高的是山东，需要向江苏补偿超过35亿元，需要向河南补偿超过20亿元，其次是江苏，需要向安徽支付将近20亿元。而需要被补偿的最高省域是河南，其次是江苏。总的经济补偿无论是应支付的补偿金额还是被支付的补偿金额与城市化率的拟合效果均不好，但一旦转化为人均补偿金额和人均被支付的补偿金额，与城市化率的拟合效果极佳。

（4）从生态补偿角度出发，构建了全国性的 PM2.5 跨界污染补偿机制。本书仅介绍两种补偿模式：一是从源头出发，从排污权公平的角度出发，排放超出既定数值后就必须支出一定的金额购买其他地区的排污权，即基于污染权公平的生态补偿模型构建；二是从结果出发，核算污染排放已经造成的经济损失情况，必须对已经造成的经济损失进行补偿，即基于健康权公平的生态补偿模型构建。最后从以下三个方面构建生态补偿机制：补偿金额的来源（排污权交易的金额、政府间共同出资、政府间财政转移支付、政府间强制性扣缴、吸收社会资）、补偿款的使用方式（专项资金实施申请制和常项补偿共存制度）、建立统一的管理机构管理大气生态补偿（全国性统一机构协调统一调配管理）。

作者

2024 年 4 月

目 录

第1章 绪 论

1.1 研究背景、目的及意义

1.1.1 研究背景

持续改善环境质量，为人民群众提供更多优质生态产品，是“十四五”时期党和国家的重大战略部署。党的十九届五中全会提出要深入打好污染防治攻坚战，推动生态文明建设实现新进步，加快建设美丽中国（孙金龙，2020）。然而近年来，随着我国城市化建设的不断推进，复合型大气污染对居民公共健康造成了严重的威胁（Gu et al.，2020），同时也带来了经济损失和社会福利降低（Zhang et al.，2017a）。2016 年以来实施的《“健康中国 2030”规划纲要》提出在城市发展过程中，要持续改善环境质量，建设健康的人居环境。因此，无论是国家政策制度制定，还是相关理念推进落实，美丽中国和健康中国建设目标都给城市大气污染的治理提出了新要求、新任务和新导向。

1.1.1.1 大气污染带来的影响依旧严峻

（1）城市化进程中越来越严峻的空气质量问题。

2013 年年初，中东部地区的大面积雾霾事件爆发后，环境问题尤其是大气污染问题成为社会各界高度关注的热点问题。2015 年，全国检测站点包含的 338 个地级以上城市中有 265 个空气质量不合格，其中尤以 PM2.5 为首要污染物占不合格天数的 66.8%（环保部，2015）。尽管经过多年治理，城市大气污染问题仍未得到有效解决，2016 年年底再次爆发的雾霾天气，使全国 24 座城市先后启动了大气重污染红色预警。随着我国工业化、城市化的加速推进，高污染、高能耗、低效率粗放型的经济发展使大气污染逐渐成为制约可持续发展和城市生态文明建设的核心问题（Wang et al.，2012；Chen et al.，2013）。特别地，由于我国“一煤独大”的能源结构，使大多数的工业生产依赖燃煤获取能源，而煤炭的燃烧相对于其他化石能源来说，产生更多的大气污染物质。在城市化发展的现阶段，城市化水平不断提升，城市中人口和工业不断聚集，带来了严重的资源环境问题，尤其是大气污染问题。特别是在城市化初级阶段的中国，城市的工业发展、人群密集居住、交通拥挤等原因造成大气污染的加剧（杜雯翠、冯科，2013）。近年来，由于城市人口的不断聚集、经济的不断发展以及城市化的不断推进使人们对日常生活的能源需求也不断提升，大大增加了生活源和机动车的污染排放，进一步加剧城市大气污染程度。

（2）大气污染带来严重的健康及经济损失。

大气污染对居民日常的生产生活与身体健康都带来了非常不利的影响。2016 年，全国超过《环境空气质量标准》（GB 3095—2012）PM2.5 二级标准 $35\mu g/m^3$ 的城市为 221 个，超过本次研究 338 个城市总量的 2/3，暴露在浓度高于 $35\mu g/m^3$ 的人口占据全国总人口的 75%。短期或长期暴露于重污染空气环境（PM2.5 等颗粒物为主要污染物），会对人体的呼吸、心血管、免疫系统等带来损伤，造成 DNA、染色体等结构发生突变，并可能导致新生儿早逝、出生缺陷等（Maji et al.，2018；Li et al.，2019；Fischer et al.，2015；Tie and Cao，2009）。然而，在快速城市化的背景下，高人口密度及人口流动致使的暴露于污染下的人口数量增多（韩立建，2018；Lu et al.，2019），高污染高暴露致使城市健康问题也更加凸显，《全球疾病负担 2010 报告》表明，2010 年全年，因为暴露于 PM2.5 污染的环境下而导致 120 万人过早死亡，同时导致 2500 万例相关疾病增加，由报告可以看出，目前 PM2.5 已成为影响中国公众健康的第四大危险因素之一。2015 年，美国科学家研究表示中国大气污染每年造成约 160 万人死亡，世界卫生组织认为大气污染是世界上最大的环境健康风险。污染带来的健康问题使居民的医疗费用不断攀升，同时由于生病带来的工作时间减少又更多地降低收入水平，大气污染造成的经济损失已经占到我国国民经济的2% ~3%（杨宏伟、宛悦，2005），我国大气污染形势严峻不容乐观。

（3）聚焦大气跨界污染，提升治理水平迫在眉睫。

近年来，随着严格减排政策的实施以及排放量的不断降低，环境政策、经济投入等带来的污染减排边际正效用呈现逐年递减状态（任亚运、张广来，2020），即要达到相同的减排目标，后续可能需要更加严格的管制政策和更高的治理成本。由于大气具有较强的流动性且污染具有空间溢出效应，因而对许多城市来说，大气的污染不仅来源于当地的生产生活产生的污染物的排放，还可能来自相邻或周边其他城市污染物质的扩散（向堃、宋德勇，2015），部分地区的外源贡献超过30%，特别是位于工业、重工业城市周边或特大城市周边的地区。同时大气污染的强大外溢性还造成区域环境治理责任模糊，使地方政府在治理过程中频繁出现“搭便车”现象，增加了大气污染治理的难度，单一地区的大气污染治理难以改善区域整体环境（姜珂、游达明，2019）。传统的污染减排政策和原有的行政管理方式已经不足以维持大气污染治理的有效性和持续性，探寻大气污染管理新重点迫在眉睫。且考虑到低于的公平排放权利和居民公平的健康权利，必须对排放较多的地区进行惩罚，同时对被动接受污染的地区进行生态补偿。

（4）建设美丽中国、健康中国新要求。

党的十八大后国家发布《关于加快推进生态文明建设的意见》，提出了生态文明的概念和理念，这一理念要求我们坚持依法防治大气污染，建设美丽中国。在建设美丽中国的社会主流要求的同时，为了解决城市大气污染问题，党和政府提出了“大气环境保卫战”，还城市一片蓝天。2016年，出台的《“健康中国2030”规划纲要》首次提出，为营造健康的生活环境必须加强影响健康的环境问题治理，提出要改善居民健康、提供健康安全的生活环境，切实改善城市空气质量是必需的。因此，无论是政策制度还是理念落实，美丽中国和健康中国建设都给空气污染的治理提出了新要求、新任务和新导向。

1.1.1.2 大气跨界污染界定与区域协作的困境

（1）大气污染跨界传输过程的理化反应复杂。

大气流动具有较强的季节性和不确定性，它受地域下垫面形态、风速风向、局地气候等多种因素的影响（贺克斌等，2009）。同时，随大气流动的污染物质的传输不限于传统行政边界，而是在更广阔的大气流域内混合流动（Chang et al.，2019），难以控制。除了物理流动外，大气中的污染物质在光电等作用下，不断进行着复杂的化学反应，使大气中许多污染物特别是细颗粒物成分复杂，表现出复合污染物的特性，既有污染排放产生的一次颗粒物，也有由气态前体物通过均相和非均相反应转化而成的二次颗粒物（贺克斌等，2011）。

（2）大气跨界污染的影响难以界定和评估。

由于大气具有较强的流动性且污染具有空间扩散效应（Aikawa et al.，2010），因此，对某些城市来说，大气里的污染物不仅来源于当地生产生活产生的污染物排放，还来自相邻或周边其他城市大气污染物质的跨界传输（Luo et al.，2018）。在大气生态环境中，这两类污染源相互作用，共同影响地区的空气环境质量，这致使跨界输送导致影响的程度、比重和源头方向难以准确界定。大气污染的跨界传输不仅影响大气生态环境，导致污染接收区的空气质量下降，而且会对社会经济等各个方面产生负外部性影响，如会降低居民的生活质量并对公众健康造成严重危害（Li et al.，2018）。但由于数据获取及监测技术、评估模型的限制，大气跨界污染对社会经济等方面的影响难以进行实际精确测量，其影响程度也难以直接定量评估。

（3）区域协作形式的跨界污染治理效用有限。

目前，国家层面上关于区域合作和跨界污染治理的相关政策法规较少，开始是在《大气污染防治行动计划》中提倡以联防联控的方式解决区域大气污染外溢问题。2015 年新修订的《大气污染防治法》增加了重点区域要建立跨行政区大气污染联防联控的一般规则。但由于没有针对具体违法违规行为的惩罚措施和惩罚标准，这些政策法规只是一种“软约束”，对于推进大气跨界污染的区域联合治理作用有限（胡志高等，2019）。在实践方面，为了对大气跨界污染进行有效控制，各级地方政府提出了区域联防联控的协作机制，如京津冀的联合治理协定、长三角成立防治协作小组、珠三角创立联防联控示范区等。这些地区的尝试在机制体系方面搭建起了框架，但是在针对跨界污染主体界定和合作深度推进等问题上还缺乏系统的评估和分析，无法形成科学有效的联合治理体系。

1.1.1.3 大气跨界污染的治理思路及存在的难题

（1）生态补偿已成为跨界污染治理的重要突破口。

2016年5月国务院办公厅发布《关于健全生态保护补偿机制的意见》，明确“谁受益、谁补偿，谁保护、谁受偿”的原则，加快形成受益者付费、保护者得到合理补偿的运行机制。这种选择性激励—惩罚机制既是应对当前我国严峻的生态问题的一种新型解决思路，也是新常态下环境规制创新的必然要求（姜珂、游达明，2019）。党的十九届四中全会提出要把生态补偿作为我国“十四五”时期生态文明建设的重要突破口，生态补偿是我国生态文明建设的重要制度保障。由于大气污染的成因和扩散路径复杂，大气污染治理是一个复杂的系统工程，仅靠一地一时的努力，无法达到预期的效果。因此，必须举全国之力，区域间协同合作，构建全国统一的、完善的大气污染治理生态补偿机制和制度框架，做到责任共担、利益共享（汪惠青、单钰理，2020），才能保障大气污染治理工作持续稳步推进。

（2）大气跨界污染补偿存在诸多尚未解决的问题。

随着大气跨区域污染带来的治理成本不断增加以及对社会公平、环境公平等问题的探讨，学术界及社会大众不断意识到大气跨界污染生态补偿实施的必要性（Jiao et al.，2021）。从公平的角度来看，考虑到各地区的公平排放权利和居民公平享受健康权利，有必要对高污染排放的地区进行惩罚，同时对被动接收污染的受损地区进行生态补偿。具体而言，必须定量核算污染接收区居民因为大气污染跨界传输而产生的危害和损失，补偿居民错失的享受干净健康环境的权利，实现利益转换，确保环境公平。但由于跨界污染产生的影响难以界定和定量评估，生态补偿方面的研究也较多基于现有状况及政策需求进行简单的政策制度讨论或框架搭建，大气跨界污染补偿的实施存在许多尚未解决的问题。首先，谁要补偿问题。与土地、森林和流域等生态补偿传统领域较明确的补偿主体和受偿主体相比，大气污染在补偿主体的确定上有较大困难。其次，大气污染跨界补偿的标准和定量核算问题。生态补偿的标准通常需要对受偿主体的损害进行定量核算，但由于缺乏数据的支撑和损失的界定，定量计算难以实现。最后，大气生态补偿的资金来源问题。目前我国生态补偿的资金来源主要依靠中央和地方政府财政的转移支付，存在严重的来源单一问题（汪惠青、单钰理，2020）。此外，还有受偿金额分配、补偿标准等问题也需要进一步讨论。

1.1.2 选题的意义

许多学者认为是城市化的不断发展促成了集聚效应的产生（莫莉，2014），城市化带来了人口集聚，由于人口的集聚，使城市各方面的物质、资源等消耗不断增加，人为源污染物的排放持续上升，加剧了城市生活型大气污染（杜雯翠、冯科，2013）。随着城市环境质量的恶化和相应的负面影响的爆发，使越来越多的人开始关注大气污染，但对于民众甚至政策制定者来说，污染带来的影响仅仅是一个概念性的理解，并不能定量地衡量城市化过程中大气污染实际上到底带来了哪些影响以及带来了多少影响。特别地，现阶段大气污染已经严重影响到了人们的健康正常生活，但大多数的研究更倾向于研究城市化与污染之间的关系或定量计算污染带来了多少健康与经济损失，却很少有研究进一步探究城市化与健康风险和经济损失之间的关系。其他一些学者也提出生态现代化理论，其核心观点是在城市化不断推进的条件下，当社会经济发展到更高阶段时，城市化对生态环境的损害会通过技术创新、结构转型等途径得到缓解（Sadorsky，2014）。同时，考虑到污染导致的疾病或早逝不仅会产生医疗方面的经济消耗，还会有因务工及劳动力丧失而导致的经济收入损失。相对地，大城市同时还面临着医疗消费水平高、误工成本大等问题。因此，探究城市化与 PM2.5 健康损失的关系（是加剧还是减轻），分析不同城市化水平的经济损失差异成了当前我国新型城镇化和健康中国战略实施过程中的一个新的关注点（Du et al.，2019）。

1.1.2.1 理论意义

（1）构建了大气跨界污染社会经济影响的系统分析框架。

本书选择污染物浓度变化来表示跨界污染对环境的影响，并以相关的健康风险和经济损失来代表跨界污染对社会经济的影响，以实现跨界污染影响的界定和评估。同时，从系统理论出发，将“污染跨界转移—污染物浓度—健康风险—经济损失”联系起来，形成完整的系统分析框架，扩展了大气跨界污染影响研究内容和研究的深度。

（2）揭示了环境公平与大气跨界补偿的关系，引入经济手段为中介变量。

环境不公平问题大多是由经济利益不公平转化而来的，那么采用经济学手段来解决就成了必然的途径，生态补偿可以理解为一种资源环境保护的经济手段。因此以经济手段为中介，系统地探究以生态补偿机制来实现环境公平问题，包括使用经济学方法讨论如何在各个层次利益主体之间实现公平享有生态环境利益，同时公平承受生态破坏及环境污染后果和分担生态环境维护责任和成本等。

1.1.2.2 实践意义

（1）大气跨界污染影响的定量评估有助于实现高效的区域协作。

大气污染的空间外溢性和污染物的区域流动性使各自为政的属地治理模式效率低下，只有走上区域联合之路才能实现大气污染的高效治理。但一直以来，中国大气污染的联合治理缺乏实质性的进展，其关键在于大气污染联合治理体系的缺失。区域协作的实现在于通过“谁保护、谁受益；谁污染、谁付费”的理念，需要明确各方主体，协调大气环境治理所涉及的相关方利益。污染跨界传输影响的定量评估，为明确污染主体、计算损失利益和构建联合治理体系提供数据支持，为实现以环境公平为导向的区域协作提供基础支撑。

（2）大气跨界污染补偿机制为区域跨界污染治理提供可落地的解决方案。

目前大气污染的治理措施主要集中于污染物的减排，但经过数年的努力，减排政策带来的污染减排边际正效用不断降低。对于跨界污染治理而言，区域协同治理是目前较为常见的手段。而生态补偿通过对跨界污染影响的定量核算，并进行经济补偿，为大气跨界污染治理提供了一个平等和公正的解决方法。相对来说，生态补偿机制更具系统性、科学性，制定和实施惩罚与补偿机制，增加污染排放的成本，增加各级政府进行污染防治的动力，保证污染减排工作的有效性和可持续性。

1.2 国内外研究现状和发展趋势文献综述

1.2.1 城市化与空气环境及健康风险的相关关系

城市化与生态环境的相互作用关系已成为区域经济学、环境经济学和社会可持续发展研究的一个热门话题（罗媞等，2014；王少剑等，2015）。伴随着中国经济的快速发展，城市化水平也取得了快速的提升（Wang et al.，2014），人口向城市地区快速集聚、经济迅速发展、城市面积和规模不断扩大。然而，目前的城市发展模式仍处于以环境换经济的初级模式，以环境污染为代价，发展经济、聚集人口和工业，使环境问题特别是大气污染成为制约我国城市进一步发展、优化的最主要制约因素，并严重影响着居住在城市中居民的健康。大气污染是城市化过程中自然环境条件和人类活动等多种因素共同作用的综合表现，因此，目前国内外针对环境大气质量影响的研究也主要集中在气象要素等自然条件（Ramsey et al.，2014）和人类活动等社会经济要素（周文华等，2005），并逐渐聚焦于城市化与环境大气影响规律的探讨（Wang et al.，2013）。但从研究结果来看，专家们就城市化对空气环境的影响具体情况具有不同的看法，主要包括以下两种主要的观点。

（1）城市化对空气环境具有负向影响。

在探究城市化发展水平对城市大气环境影响的研究中，城市化发展水平这一指标在目前的研究结果中有三种表达方式。在研究的初期，许多专家将城市化设定为一个综合指标，是一个社会、经济、文化等多种因素综合发展的过程，表现在城市各种各样的变化方面，如宏观经济方面的表现有城市人口的增加也即农村人口向城市的转移集聚，城市规模和城市占地面积的不断扩大，产业结构的调整（第一产业占比的减少和第二、第三产业占比的增加）；在生活方式和文化层面上还表现为城市生活方式、价值观念、城市文化等向农村地区的渗透、影响、扩散和传播等（Fang and Wang，2013）。因此，许多专家选择构建多方面、多层次的城市化水平评价的指标体系，进而用这个综合指标来表示城市发展水平，再与环境质量或空气环境质量进行对比，分析城市发展水平对城市空气质量的影响。例如，Wang 等（2013）尝试用 PSR 和 BSC（平衡记分卡，Balanced Score Card）两种模型相结合的方法，构建城市化对大气环境影响的综合指标评价体系；丁镭等（2015）则以武汉市为例，构建了 4 维度 18 个指标的城市化综合指数和基于 PSR 模型 3 维度 13 个指标的空气环境综合水平指标体系，并利用响应度模型进行了具体影响水平测度。在探究宏观经济因素对大气污染的影响时，特别是在利用面板数据分析宏观经济因素对城市空气质量的影响时，选择应用人口城市化率来表示城市发展水平，其中最主要的研究就是 PM2. 5 浓度与人口城市化率的相关关系研究，例如，Li 和 Guan 等认为经济规模、人口规模、城市化水平、工业发展水平以及能源利用效率等宏观经济因素，特别是城市化率是增加 PM2. 5 浓度的主要驱动力（Li et al.，2016；Guan et al.，2014），利用宏观经济面板数据来作拟合，定量计算不同经济因素对 PM2. 5 浓度的贡献；冷艳丽和杜思正（2015）利用省域面板数据分析工业化和城市化的发展对雾霾污染的影响；李欣等（2017）也是利用面板数据分析了长三角地区城市化率的提升给城市大气环境造成的影响。这些研究结果都表明，城市化率的提升、工业化的发展在目前的研究时段内，均是对城市大气环境产生负向的影响，即城市化的提升加剧了城市大气环境污染问题。除了 PM2.5 浓度外，其他的研究也有利用 AQI 值作为空气质量的评判指标，Fang 等（2015）利用空间计量模型估计了城市化对空气质量的影响，即以 AQI 值为因变量，以人口、机动车占有数、城市化率等宏观经济因素为自变量，研究结果显示，城市化率的提升对大气污染的加剧有显著的正向影响。

还有一种最新的研究方向，就是以灯光数据来表示城市化发展水平。对于城市化水平的评价指标，已有的研究大多采用人口城镇化率来简单表示城市发展水平（Han et al.，2014）。但也有学者发现，人口城镇化率不足以有力地表达城市多维发展水平（Zhang and Seto，2011）。另一个原因是中国特殊的户籍制度使官方城镇化率与实际城镇化水平存在较大差异。Elvidge 等（1999）是第一个将夜间灯光数据与城市发展联系起来的人。之后，许多研究也证明了利用夜间光照数据来测量城市发展水平的合理性（Ma et al.，2012）。夜间光照数据可以区分城市和农村，综合反映人类夜间活动的基本信息，可以用来表征城市化水平（Zhao et al.，2018）。

（2）城市化对空气环境的影响非线性。

基于已有研究文献，城市化过程伴随着人口和要素的集聚，而集聚的过程对雾霾污染的影响具有不确定性。一方面，城市化进程伴随着资本、劳动等要素的集中，从而有利于能源利用、污染治理以及医疗、交通、教育等公共资源的共享，进而促进资源被更合理地配置，提高了经济运行和环境治理效率（程开明、李金昌，2007）；另一方面，尽管城市化过程会产生集聚优势，但也会在一定程度上产生规模效应和拥堵效应（朱英明等，2012），从而加剧包括雾霾污染在内的各种环境污染。城市化推进有助于资源共享和知识溢出，并在较大程度上推动了技术进步，而绿色技术进步则有利于更加清洁的生产技术和工艺的推广应用，从而有利于促进清洁生产和末端治理（Andreoni and Levinson，2001）。城市化推进必然伴随着产业结构的调整，如果产业结构向服务业等更加绿色的方向升级，那么城市化推进就有助于减排；反之，则会增加污染排放（Xu and Lin，2015）。

针对这种不确定性，王庆松等（2010）借用了“双指数曲线”耦合模型（见图1.1），并在此基础上提出了二元四次矩阵对策组合模型等来探究城市与环境的关系。“双指数曲线”是指生态环境与经济发展的EKC曲线和城市化与经济发展的对数曲线，然后再依据代数学和几何学推导，消除中间的经济发展变量，得出逻辑复合曲线（Wang et al.，2014）。

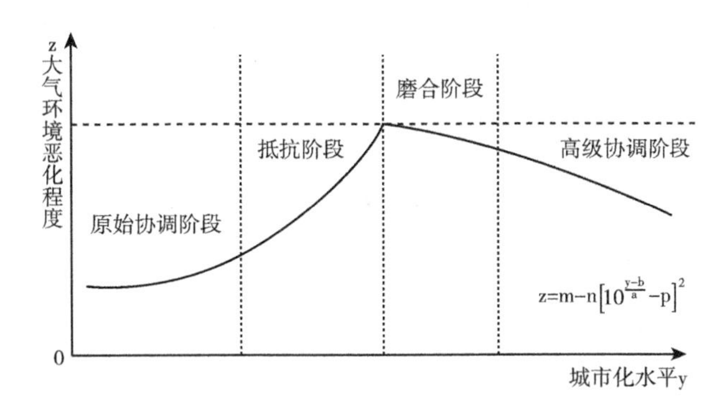

图1.1　城市化与空气环境耦合协调的双指数曲线

注：根据王庆松等研究修改。

城市化与空气环境之间的EKC曲线规律研究。由于早期的EKC研究是从经济发展指标开始的，因此，系统分析城市化与空气环境之间的EKC规律较少，已有的研究仅是将城市化过程中的个别指标当作解释变量来分析大气污染或者空气质量的演变规律，最终所获得的结论也大相径庭（见表1.1）。正如前面的EKC分析，研究区域尺度、研究时段、研究主题选择的不同均会带来研究结果的差异。杜雯翠等（2013）以PM10为研究主体，用于表示城市空气质量，选择11个新兴经济体为研究样本，研究结果表明，城市化发展指标与大气污染之间存在“U”形曲线关系；李茜等（2013）则选择地级市为研究样本，选择以

SO_2、NO_2、PM10、综合指数为因变量，人均GDP、人口密度、第二产业结构、建成区面积等为自变量建立计量回归模型，结果显示了不同的自变量变化对空气质量的影响各不相同，产业结构表现显著的负向影响，而城市建成区面积表现出正向影响，开启了大尺度、长时间段的研究，但在指标的选取方面还稍显欠缺；黄棣芳（2011）和任春燕等（2005）也做了不同时间或地域尺度的研究，均发现城市化与空气质量变化的关系存在类似环境库兹涅茨曲线的规律，只是呈现的曲线形式稍显差异；黄亚林等（2015）在上述研究的基础上，发现不同类型的污染物对城市化水平具有不同的响应规律和影响程度，SO_2 为倒“U”形，NO_2 为“U”形，PM10及空气质量综合水平表现为倒“N”形特征，实际证明了研究区域的选择、城市化发展水平的指标选取、大气环境质量指标的选取等不同，均会导致最终研究结果的差异，差异主要表现在类似环境库兹涅茨曲线的规律，但具体的曲线形式各不相同。

表1.1　城市化与空气环境质量的EKC曲线检验结果及比较

作者（年份）	研究区域	城镇化指标	空气环境指标	结果比较
杜雯翠等（2013）	11个新兴经济体国家	人口城市化率、人均GDP、工业产值比重、能源结构等	PM10	“U”形曲线关系
李茜等（2013）	中国237个地级市	人均GDP、人口密度、第二产业结构、建成区面积	SO_2、NO_2、PM10、综合指数	不同的污染物类型具有不同的演化规律（SO_2 符合倒“U”形、其他呈“U”形曲线）
黄棣芳（2011）	中国29个省级行政区	人口城市化率	工业二氧化硫、工业粉尘排放量	“N”形关系和“U”形关系
任春燕等（2005）	西北5省会城市	人口、GDP、非农产业增加值、全年用电量	SO_2、NO_x、TSP、降尘量、综合指数	类似EKC的规律。低、高水平城市化的城市综合空气质量最好，而中度城市化的空气差
黄亚林等（2015）	湖北省武汉市	城市化综合水平4维度18个指标	SO_2、NO_2、PM10、综合指数	SO_2 为倒“U”形，NO_2 为“U”形，PM10及综合指数为倒“N”形

1.2.2 大气污染对居民健康的影响及相关经济损失

（1）大气污染对身体健康的影响。

早期对大气污染引起的健康问题的研究始于一些重大灾难性事件的发生，如美国的光化学污染事件、英国的烟雾事件等，这些重大灾难性事件不仅造成巨大的财产损失，而且吞噬着居民的健康与生命（秦耀辰等，2019）。到了20世纪80年代，发达国家快速工业化和城市化伴随的工业排放和汽车普及带来的尾气排放进一步加剧了大气污染问题。中国在经济不断发展的过程中，也付出了惨痛的环境代价，其表现在空气质量方面就是大规模、高频率、危害较大的雾霾天气不断发生。人类无时无刻不暴露于空气中，所以大气污染是对人体危害最大的污染种类。国外针对大气污染的研究相对较早，目前相关研究主体更多偏向于细颗粒物（PM2.5），因为相较于其他污染物，PM2.5可以由人类呼吸系统直达身体内部，进而危害身体各项机能（Bell et al.，2007）。相关研究最初始于医学相关领域，医学专家通过大量的调查及实验发现，暴露于污染的空气中可能会导致人类部分身体机能遭到破坏，特别是在呼吸系统和心脑血管方面会产生较为显著的损坏（Kappos et al.，2004）。PM2.5污染不仅给人类的身体健康带来巨大的威胁，引发一系列的呼吸道及其他方面的疾病，甚至造成严重的生命危险而导致早逝（Lelieveld et al.，2015）。

从不同的系统来看，大气污染物特别是细颗粒的污染对人类身体健康的影响主要表现在：第一，PM2.5对呼吸系统产生的影响是最为显著的。大气中的细颗粒物由呼吸系统进入体内，在咽喉、支气管、肺部沉积，破坏呼吸系统免疫机制，造成各类呼吸系统疾病，如急性支气管炎、慢性支气管炎、咳嗽、哮喘等，同时，细颗粒物进入呼吸系统后还会增加肺部感染的风险。Li等（2011）对底特律地区2~18岁儿童急诊入院率的研究发现，PM2.5每升高9.2μg/m³，急诊率增加3%~4%，在炎热地区的哮喘患病率与PM2.5也有较高的相关性。第二，

PM2.5 对心血管系统的影响。有研究发现，采暖期室外 PM2.5 可引起健康老龄人群的心率变异性（HRV）降低，HRV 的降低会增加人体心血管疾病的发病风险（Sullivan and Schoelles，2013）。第三，PM2.5 中某些复杂的物质元素与癌症发病率提升相关。贾玉巧等（2011）研究发现，PM2.5 的某些物质会使人体肺部出现一定程度的纤维化，从而增加肺部病变的可能性。第四，雾霾对免疫系统的影响具体表现在使人体免疫力下降。研究发现，与生活在清洁空气环境中的儿童相比，长期生活在雾霾污染环境下的小学生免疫功能相对较差，免疫功能部分受到抑制。

（2）大气污染对公共健康的影响。

在大量医学界相关成果涌现后，公共健康领域的专家开始将视线放到相关研究上来，提出了全球疾病负担（Globe Burden of Disease，GBD）的概念，通过实验、问卷调查、实地调研等多种途径来衡量暴露在大气污染的环境下，大气污染物如何影响死亡率、疾病发生率、住院率、工作时间等（Grahal Zivin and Neidell，2012；Hanna and Oliva，2015；Deryugina et al.，2016）。首先，从大气污染物类别来看，学者们最初关注 SO_2 的健康危害，随后逐渐转移到 NO_2 和 PM10 上来，随着雾霾成为当下社会的热点话题，学者们意识到 PM2.5 和 O_3 的健康危害更大，研究的兴趣点也转移到 PM2.5 和 O_3 对居民健康影响方面（World Bank，2007；Fang et al.，2016）。其次，从健康终端选取方面，最初研究主要探讨大气污染物与死亡率的变化关系，特别是由不同疾病造成的死亡率（Gryparis et al.，2004；阚海东、陈秉衡，2002）。但后来随着医学和病理学方面关于流行病研究的案例增多，专家们开始将研究的重点和焦点放在了大气污染物和不同的健康终端变化也即死亡率或发病率变化的关系方面（谢鹏等，2009）。

初期，大部分的相关研究都是在环境较好的发达国家进行的。Ware 等（1986）研究表明，PM10 浓度每升高 10μg/m^3，儿童患支气管炎的概率就会增加 25% 左右。Ostrod 等（2014）研究发现，人们长期暴露于 PM2.5 污染中会大幅增加其患有心血管疾病的风险。中国与西方国家在产业结构、能源构成和环保投入等方面的差异决定着中国大气污染也与西方存在较大差别（Chen et al.，2013），部分学者已经注意到这个问题，于是一些学者从统计学视角出发，研究在中国这个污染情况较为严重的环境下空气中总悬浮颗粒物对居民平均预期寿命、死亡率、不同健康终端变化的影响。起初这个方面的研究主要集中在探讨大气污染物与死亡率的变化关系上，后来随着流行病研究案例的增多，研究大气污染物和分项健康终端对应的发病率关系成为主流的研究方向。李慧娟等（2018）对我国62个环保重点城市评估结果显示，PM2.5污染造成约12.5万人的早逝和5705亿元的经济损失；谢志祥等（2019）研究显示，2015年京津冀大气污染传输通道城市PM2.5污染造成的死亡人数约为30.7万人，占总死亡人数的28.6%。后来随着流行病研究案例的增多，金曼等（2016）和殷永文等（2011）开始将研究放到分项健康终端对应的发病率的研究上来，这些研究结果表明，随着大气污染物（包括PM10和PM2.5等细颗粒）的浓度上升会增加居民的发病率，包括心脑血管疾病和呼吸系统疾病的发病率和死亡率同时也会增加医院呼吸科和儿科门诊问询人数，特别是在突发的重雾霾污染时，呼吸科的门诊问询人数会出现显著的增加。

同时，大气污染对居民健康的影响具有异质性，而这种异质性主要归结于两个方面：一是微观居民个体的自身差异（卢洪友、祁毓，2013）；二是公共资源的分布差异，如教育、环境、卫生等公共资源（王俊、昌忠泽，2007）。相较于成年人，儿童特别是社会经济较低的家庭儿童面临更大的健康风险，也更容易受到大气污染的影响（Neidell，2004）。Brooks和Sethi（1997）在其研究中指出，最容易暴露于大气污染物中的人群包括租房者、收入较低的穷人以及受教育程度较低的人等。

（3）城市化对健康风险的影响。

城市化水平是可以反映城市发展水平的综合指标。城市化带来了人口的集聚，同时，又由于人口的集聚和生活方式的改变，使城市人口进一步扩大，此时城市人口对基本生活必需品的需求，如食物、衣服、住房和交通也进一步增加。这些变化加速了相关产业的发展和机动车的增加，加剧了城市居民的大气污染（Du and Feng，2013）。另外，学者们提出了不同的观点，即在持续城市化的条件下，当社会经济发展到较高阶段时，城市化对环境的影响将通过技术创新、结构转型等途径来缓解（Sadorsky，2014）。与其他由大气污染造成的损害相比，大气污染的加剧显然反映在人类健康问题上（Lin et al.，2001），这个问题也是最普遍和公众最关注的问题。同时，城市化水平高的城市也面临医疗消费高等问题。因此，我们必须深入探讨不同城市化水平下 PM2.5 污染对人们健康的影响的差异，并使决策者充分意识到环境问题的紧迫性和危险性，需要根据不同的环境提出不同的公共卫生政策。

之前的研究表明，城市化与健康之间的关系是很复杂的，因为城市发展的每个方面都以自己特有的方式影响着健康，并且其影响随特定的社会和文化背景而变化（Gelea and Vlahov，2005；Rydin et al.，2012）。一方面，城市居民可能会受益于生活水平的提高和医疗服务的改善（Miao and Wu，2016）；另一方面，在环境污染的健康问题方面，尤其是发展中国家大气污染的公共健康风险，城市化对健康状况影响较大（Eckert and Kohler，2014）。在城市发展的过程中，工业发展、人口聚集、交通拥堵等原因加剧了大气污染（Du and Feng，2013），并且经过多年的控制和治理，空气质量并未得到很大改善（Lin et al.，2001）。此外，短期或长期暴露于重度污染的空气中（以 PM2.5 等颗粒物为主要污染物）会损害人体的呼吸系统、心血管系统和免疫系统、DNA 和染色体，并且与新生儿的过早死亡和出生缺陷也有显著相关性（Fischer et al.，2015；Maji et al.，2018；Li et al.，2019）。大气污染对个人健康的影响难以估算，但是在快速城市化的背景下，高人口密度和流动性使暴露于污染环境下的人数急剧增加（Leem et al.，2015；Han，2018；Lu et al.，2019），对公共卫生的影响相对较为显著。

（4）大气污染导致的经济损失研究。

环境经济学方面研究在近两年才开始大面积开展，这些研究大多数都是在中等收入国家进行的，因为部分专家认为在中等收入国家，空气污染是对人类健康影响最大的环境风险，要降低PM2.5污染的健康风险，就需要付出一定的经济成本（曾贤刚等，2015）。因此，居民的健康风险认知最终会影响其对降低健康风险的支付意愿，一些研究还估计了居民对避免大气污染的边际支付意愿（MWTP）（Chay and Greenstone，2005）。Matus等（2012）论证得出我国大气污染健康经济损失从1997年的220亿美元增长到2005年的1120亿美元。类似地，其他研究选择使用生命价值法（VSL）、支付意愿法（WTP）、疾病成本法（COI）等来评估大气污染对经济的影响，核算由污染导致的相关经济损失数额（谢杨等，2016）。例如，基于流行病学暴露响应函数方法，Kan等（2004）估计2001年上海市大气污染颗粒物对健康造成的经济总成本约为62540万美元。黄德生等（2013）研究结果表明，通过对京津冀地区实施新的《空气质量标准》，可以使该地区的健康效益综合达到612亿~2560亿元，相当于该地区2009年地方GDP的1.66%~6.94%，占上海市当年GDP的1.03%。同时，颗粒物污染对上海市居民健康与经济的造成的影响还在持续。此外，由于北京地处于全国环境质量最差的京津冀地区，且人口密集、政治经济地位突出，进而许多研究专门针对京津冀地区进行分析。例如，赵晓丽等（2014）评估大气污染导致的居民过早死亡率以及其产生的相关经济损失；陈元华和李山梅（2011）对2008年北京市大气质量改善的健康效益进行了评估；还有学者借鉴经济学的投入产出模型或可计算的一般均衡模型来估算大气污染给宏观经济造成的冲击（Nam et al.，2010）。这些研究为科学探寻大气污染健康损失量、区域（城市）差异的比较提供了有益的思路和分析框架。

大气污染导致的公共健康问题不仅会进一步增加居民的医疗卫生健康支出，加重居民的社会生活经济负担，还会造成居民工作日损失，进而导致社会劳动力供应降低（Kjellstrom，2009）。在研究劳动生产力时，Williams（2000）发现减少污染可以有效提高劳动生产率，同时增加企业利益。一项关于墨西哥的研究表明，如果当前的大气污染下降19.7%，那么居民每周的工作时间可以增加1.3个小时（或者3.5%）

（Hanna and Oliva，2011）。基于 GAINS 和健康影响模型，谢杨等（2016）研究发现，由于 PM2.5 污染所导致的京津冀地区居民每年劳动时间损失分别为 81 小时、89 小时、73 小时，由此引起的额外健康支出分别为 44 亿元、27 亿元、97 亿元。这些研究结果强调，在研究大气污染时，不仅要探讨健康终端变化对经济的影响，也要考虑和评估由于生病住院或劳动力丧失而产生的经济损失。

此外，已有研究结果显示，在宁夏、贵州、山西、甘肃、黑龙江、青海、新疆等欠发达、人口较少的省区市，采用大气污染治理技术的提升可能带来较大的负担，并最终导致负面的经济影响，经济效益要小得多。但这并不意味着这些省区市就没有必要控制 PM2.5 污染，因为大气污染不仅取决于一个地区的排放，还取决于邻近地区的跨界排放。但为了提升这种治理带来的经济效益，划分出治理带来更大经济效益的地区，并将这些地区划分为重点等措施也是十分必要的。这就需要区域间的合作来减少大气污染。中央政府应该制定适当的政策，为这些不发达的省区市提供必要的技术和财政援助，富裕的省区市可以补偿失败者来减少污染，这种管理政策的转变可能会给中国带来更大的收益，降低污染带来的经济损失。

1.2.3 大气污染物跨界传输对环境质量的影响研究

（1）基于空气质量模型的跨界污染传输模拟。

空气质量模型，是运用气象学原理，通过数学方法模拟污染物从污染排放到扩散输送全过程的方法，该方法已广泛应用于不同尺度、不同类型污染过程的模拟，成为大气环境研究领域的重要组成部分（王占山等，2013）。目前常见的大气污染模型主要有 CMAQ、WRF－Chem 模型、InMAP 模型等（Tessum et al.，2017；Karagulian et al.，2019），其中应用最为广泛的是美国环保局开发的第三代空气质量模型 CMAQ 模型（王占山等，2013）。这些空气质量模型的开发和改良使得大气污染模拟研究呈现出定量化、系统化、精确化的趋势，为大气环境管控和大气污染治理提供了技术支撑。目前空气质量模型主要应用于以下几个方面：一是空气中各种污染物浓度的模拟，进而评价大气的污染程度或预测未来的空气质量状况（Di et al.，2016）。二是评估污染物减排政策或措施的实施会带来空气质量的改善程度，也即评估减排政策的环境效益（Ou et al.，2020）。三是研究空气中各污染物在大气中的传输和扩散过程，揭示大气污染物跨区域传输的特征和影响（Shi et al.，2020）。

（2）跨界污染传输对空气质量的影响研究。

受自然或人为因素的影响，大气污染物质不断进行着跨界传输（Aikawa et al.，2010）。若一个地区发生重度雾霾污染，往往周边地区都无法避开影响，邻近地区的大气污染表现出显著的同步性（彭功等，2019）。Gu 和 Yim（2016）通过核算污染流出和污染流入分别对地区 PM2.5 浓度的影响来模拟长时间稳定状态下的污染物流动方向，并判别污染净接收区和净溢出区。对于污染净接收区，大气跨界污染物的传输会增加空气中污染物的浓度，空气环境质量进一步恶化（Park et al.，2004）。例如，Shi 等（2020）研究发现，在持续的严重 PM2.5 污染事件中，污染物随风由华北向中东部地区输送，使中东部地区 PM2.5 浓度增加，空气质量进一步恶化。对于污染净溢出区，因为将污染输送到其他地区而获得了相对干净的环境（Chang et al.，2019）。对于这些地区，根据生态补偿机制中“谁受益、谁补偿”的原则，应该对污染净接收区给予相应的经济补偿（汪惠青、单钰理，2020）。

1.2.4 大气跨界污染治理及生态补偿研究

（1）大气跨界污染治理的发展分析。

大气跨界污染治理的研究，起源于分析和解决国家间对跨界污染的责任和补偿，各国政府希望通过签署协议或公约的方式来寻求合作和共赢（Kaitala et al.，1992；Tol and Verheyen，2004）。随着跨界污染问题在不同的国家和地区大量出现后，部分学者提出通过制定严格的国际法来约束各个国家或地区的协同治理（Alam and Nurhidayah，2017）。与此同时，也有部分学者试图探索通过意愿支付、修改税法等方式进行区域合作以实现跨界污染的管控（Luechinger，2010；Lu et al.，2019）。随着研究的深入，加深区域合作程度被认为是解决跨界污染管理的核心任务，胡志高等（2019）提出了采用定量计算实证分析的方法探讨影响区域联合程度的因素，以构建大气污染分区联合治理的合作框架，推进联合程度演进。考虑到我国大气污染正从局部单一源污染演变为普遍分布的区域复合型污染，有学者提出跨界污染必须通过区域一体化的大气环境生态补偿来进行统一管控（史会剑、管旭，2017）。

（2）环境公平与生态补偿关系的探讨。

大气生态环境是具有区际属性的公共物品，即具有非竞争性和非独占排他性，对每个人生存和发展都有着重要作用（李文华等，2008），这体现出环境的公平属性。同时，大气污染物具有显著的空间溢出效应，受自然或人为因素影响，污染物质不断进行着跨界传输，大气污染物跨界传输造成的重要问题之一是环境不公（Su et al.，2010）。大气生态环境的这两个主要属性以及彼此间的关系见图 1.2。

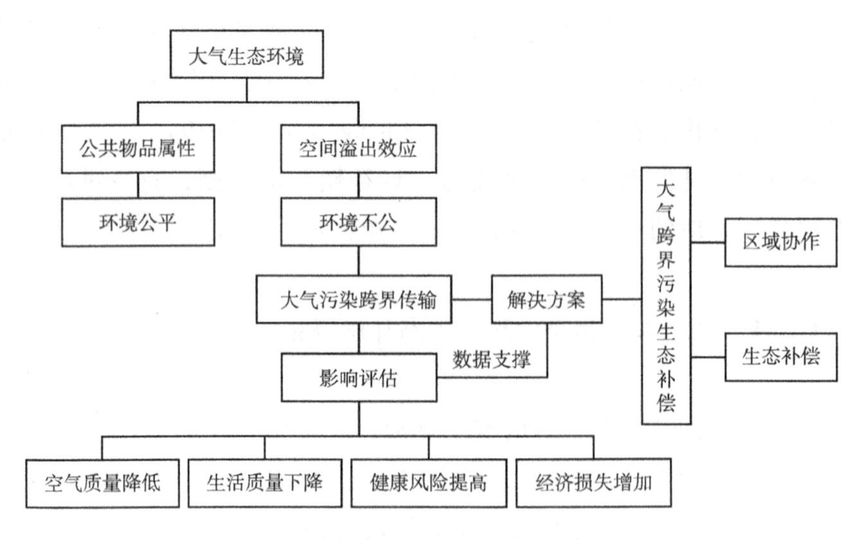

图 1.2　公平视角下大气生态环境属性关系

环境公平问题的实质是，由于经济利益不公平而转化为环境问题以及环境利益的不公平（钟茂初、闫文娟，2012）。应用经济手段，对生态破坏“埋单”，也即生态补偿，被大多人认为是协调区域经济与生态“不公平性”，确保生态环境保护得以持续的重要措施（毛显强等，2002）。生态补偿可以理解为一种资源环境保护的经济手段，建立生态补偿机制能调动生态建设参与者的积极性，对环境保护产生利益驱动、激励和协调（毛显强等，2002）。

（3）大气污染跨界传输的解决方案——生态补偿。

对于生态补偿，目前国内外学术界对生态补偿的补偿依然存在一定的差异。从狭义上看，狭义的生态补偿是指对保护自然资源和生态系统所产生效益的奖励、破坏自然资源和生态系统所造成损失的赔偿以及受益者对其所享受的生态服务的付费；而从广义上看，生态补偿除了以上含义外，还包括对排污者所造成环境污染的收费（李文华、刘某承，2010）。

目前，关于生态补偿机制的研究大多开始于流域的跨界补偿研究（姜珂、游达明，2019）。流域污染具有显著的空间溢出效应，上游城市为了城市发展、工业进步和经济发展等，大量使用流域水资源，又将大量含有各种各样污染物质的废物经过或不经过治理就直接排放到水域中去，但这样的排放不仅对本地区的水质产生影响，对下游地区的水质影响更大，这样的污染积累会使下游地区的水域水质变得极差，从而影响下游地区城市的生产生活。在这种情况下，政府间的协作和博弈就显得尤为重要。在这样的背景下，生态补偿制度的提出就显得尤为重要，流域生态补偿以奖励保护和惩罚污染为基准，上游污染地区和下游受危害地区之间可以通过鼓励和补偿保护水质水生态的上游地区，惩罚污染水质和水环境的上游地区，而下游地区为了获得良好的水质水生态，自愿通过资金补偿、污染排放权购买等对自愿保护水生态水环境的中上游地区进行补偿，来弥补跨区合作中特别是中上游部分地区的治污损失（姜珂、游达明，2019）。

在各种关于大气污染的研究不断涌现之后，大气污染的跨界污染也开始成为学术界以及社会关注的热点话题（黄策等，2017）。大气污染的治理和补偿也不是靠单一辖区的努力就可以解决的。因此，有必要从国家层面制定大气污染防治战略，协调下级政府间的协商与博弈（唐湘博，2017）。山东省在进行省际大气污染生态补偿方面进行了尝试，并取得了一定程度上的成功，为其他省区市起到了示范作用（郭高晶，2016）。

基于市场的生态补偿机制是必需的，必须将补偿问题大部分交给市场来调节。因此，在公平视角下，为了进一步增加政府对污染治理的重视，建立市场化生态补偿制度是我国生态环境保护事业发展的必然趋势（王红梅，2018）。京津冀地区大气污染形势严峻，所以相关研究在京津冀地区有较多的实践及理论研究（刘薇等，2015）。在以市场化为主要调节动力的基础上，政府的行政支持也是不可或缺的（Muradian et al. , 2010），类似地，大气污染的跨界补偿也必须成立一个高于一般省域行政主体的统一的管理协调结构。例如，贺璇和王冰（2016）期望政府可以构建一种可持续合作机制，根据地区的产业分布特征、城市的主要定位等，划定污染权交易的界限与范围，降低市场化可能带来的失控。

1.2.5 当前研究存在问题及发展趋势

根据上述研究综述，已有研究在大气跨界污染产生的影响、区域协作管控以及环境公平与生态补偿关系等方面做出了诸多有益的探索，也是现阶段大气环境管理和环境经济方面的研究热点。但现有研究仍然存在以下问题。

（1）从研究内容来看，已有研究更多从环境科学等角度分析大气污染跨界特性及影响评估，缺少在社会经济维度的跨界污染影响定量核算评估。虽然大气污染跨界转移带来的环境恶化等问题已经引起了人们的关注，但随之而来的区域社会经济监管问题以及环境公平问题却缺乏足够的讨论。目前已有的研究缺少针对居民因暴露于污染环境下失去的健康、经济、福利等各个方面的定量评估。对于大众甚至政策制定者来说，跨界污染带来的影响仅仅是定性的理解，缺乏跨界污染传输过程中污染物实际上带来影响的类型分析和定量核算。目前大多数研究多为简单地研究大气污染造成的健康风险或经济损失的计算以及大气污染与城市发展之间的关系，缺乏更深一步关于城市发展与健康风险和经济损失之间的关系（Diao et al.，2020），探究城市发展水平与健康风险和经济损失之间的关系有助于更深刻、直观地了解在城市发展过程中由于集聚效应等产生的危害和风险。同时，许多关于暴露响应函数多运用于英美等发达国家或地区，这些国家或地区的大气污染状况较轻，空气质量较好，而与中国严重污染的大气环境质量不符，因此计算出的居民健康风险结果可能存在偏差（Fang et al.，2016）。并且关于健康风险及经济损失计算的相关研究中，大多选择假定省域内的死亡率、单位医疗损失、人均可支配收入等是均质的，这些都可能会使估计结果存在较大误差。

（2）从模型数据来看，数据缺失等原因导致研究无法在时空尺度进行扩展，结果可能出现偏差。从污染物浓度数据来看，由于PM2.5监测站点多分布于城区，而相对的城区地区的污染程度多高于郊区地带，因此采用监测站点的数据无法全面且真实地反映地区污染的情况，进而会影响模型拟合的精度（Shi et al.，2018；Han et al.，2017）。对于大气污染物排放量的数据，目前的研究中多使用统计数据或精度较低的由自下而上的排放清单获取的数据（Shi et al.，2014），由于数据的缺失和多次计算会使得排放量数据在后续的研究过程中产生误差。对于社会经济数据，目前健康风险导致的经济损失计算研究中，大多选择假定省域内的单位医疗损失、人均可支配收入、人均GDP等是均质的，忽略了省域内部各地级市之间的差异。由于上述排放量数据和社会经济数据的缺失以及精度的限制，使许多研究停留在单一年份或省域尺度，无法进行多时空尺度的延伸探讨，可能导致研究结果出现偏差缺乏可信度。

（3）从补偿机制设计方案来看，生态补偿机制构建缺乏环境公平的讨论和数据支撑。现有关于补偿金额的计算多选择使用减排成本费用来替代，忽略了生活在这个地区的居民，从环境公平的角度，跨界污染会给污染接收区的居民带来严重的生活质量下降、健康风险和经济损失，他们是整个生态补偿体系中应该获取补偿的主体。由于缺乏数据的支撑和具体补偿金额的核算，生态补偿机制方面的研究也较多基于现有状况及政策需求进行简单的制度框架讨论，无法形成完整的系统科学的体系。

1.3 研究内容及技术路线

1.3.1 研究目标

本书的主要研究目标包括以下三个方面。

(1) 从系统理论出发，探讨城市化对大气环境及其相应的健康风险和经济损失的相关关系。

探究城市化对雾霾污染的影响，对把握雾霾污染随城市化进程的演化规律，进而有的放矢地开展"治霾"工作均具有重要的学术价值和现实意义。虽然现有研究已对雾霾污染的不同影响因素进行了经验考察（邵帅等，2016），但从城市化的视角探讨雾霾污染动因的研究还较少。雾霾污染是一个区域问题，并非单纯的局部污染问题。在大气等自然作用及产业转移等经济活动的影响下，雾霾污染具有较强的空间相关性（邵帅等，2016）。在研究城市化与大气污染的基础上，进一步深入探究相应的健康风险和经济损失，因为污染导致的疾病或早逝不仅会产生医疗方面的经济消耗，还会有因务工及劳动力丧失而导致的经济收入损失。相对地，大城市同时还面临医疗消费水平高、误工成本大等问题（傅崇辉等，2014）。因此探究城市化与 PM2.5 健康损失的关系（是加剧还是减轻），分析不同城市化水平的经济损失差异成为当前我国新型城镇化和健康中国战略实施过程中的一个新的关注点（Du et al.，2019）。

（2）从空间溢出效应出发，基于InMAP模型判定污染物跨区域传播带来的环境问题。

由于大气的流动性，污染物在排入大气后，会随着大气不断进行扩散，因此对于许多城市而言来自其他城市扩散而来的污染物才是本地大气质量降低的主要原因。因此，本书期望使用清华大学的排放数据并结合InMAP模型来计算由当地污染物排放而产生的大气污染物特别是PM2.5浓度的变化，并与实际污染物浓度进行对比，计算各省域及地级市地区间空间溢出情况，判定污染物跨区域传播带来的环境问题的严重性。

（3）从生态补偿角度出发，构建全国性的基础补偿机制。

“生态补偿”是“为生态或环境服务付费”（Payments for Ecosystem/Environmental Services，PES）的简称，是环境服务的使用者向环境服务提供者就提供某种自然资源服务而达成的有条件付款的自愿交易行为（Wunder，2015）。基于这个概念的反向思考，即部分城市本地的生产生活没有产生大量的污染物而是接收了来自其他城市的污染物从而导致空气量污染较差，这对于这些城市的居民来说是十分不公平的，首先他们并没有享受到生产生活发展带来的经济红利，但却要遭受大气污染带来的各种各样的危害，如健康风险和经济损失等。因此，从公平公正的角度来说，对于这些提供环境服务的一方，他们使其他地区的环境质量好于原本状况，但同时他们遭受更多的危害，因此他们所受到的健康危害或产生的经济损失必须得到补偿。

1.3.2 研究内容

自2013年起，随着人们对空气环境的重视程度不断增加，越来越多的人开始认识到大气污染对健康和经济的影响，相关的研究也越来越多受到关注。现阶段，研究和治理雾霾污染来保障人民健康生活和社会经济可持续发展已经刻不容缓。随着工业化和城市化的快速发展，我国的大气污染防治压力持续加大。大气污染不仅导致空气质量下降，影响生态环境，而且危害公众健康，造成经济损失（Wang and Fang，2016）。流行病学研究表明，颗粒物对人类健康有重大影响，如增加住院人数和造成过早死亡，特别是长期暴露在直径小于 2.5 微米的颗粒物中。近年来，有很多关于空气质量对公众健康和经济损失的研究（Wang et al.，2016）。但是，大多数研究忽略了大气流动和空间溢出效应。由于大气污染物的流动性，大多数地区的空气污染不只源于自身排放，还源于邻近地区的污染溢出。因此，那些受到邻近地区污染物污染的地区应得到健康补偿。针对这一问题，本书拟分析污染物外溢造成的健康损失，并计算出具体的补偿金额。因此，本书的主要研究内容如下。

（1）定量分析城市化发展过程中大气污染变化过程。

首先，分析现有 PM2.5 污染的相关研究成果，通过遥感图像和统计数据并利用数理统计分析、探索性空间分析方法（ESDA）等方法模型，分析城市空气环境污染的时空分布特征；其次，结合不同城市化水平和人口分布密布等相关特性进行比较分析和整理；最后，在此基础上选择灯光数据和人口城市化率统计数据分别代表城市化发展水平，构建以城市化发展水平为主要解释变量的模型，并运用适当的计量模型探究城市化与大气环境相关关系。

（2）在城市化与污染的基础上，探究 PM2.5 污染相关的健康风险及经济损失之间的差异。

首先，基于暴露响应函数，研究分析 PM2.5 污染对公共健康产生的直接影响，包括居民患病、死亡、医疗支出增加等方面，以及全国各省区市存在的区域差异；其次，根据医疗支出等数据，估算由于这些健康风险而导致的经济损失；最后，基于上述的两类估算结果和城市化与污染的相关关系分析结论，进一步探究不同城市化水平下健康风险及经济损失存在的差异。

（3）基于 InMAP 模型定量估算 PM2.5 的空间溢出情况。

考虑到 PM2.5 污染的易扩散特性，且已有很多研究表明，PM2.5 污染的空间相关性是显著存在的，而忽略这种空间效应可能导致估计的偏误。因此，需要运用我们选用的排放数据和 InMAP 模型来计算由当地污染物排放而产生的大气污染物特别是 PM2.5 浓度的变化，并与实际污染物浓度进行对比，计算各省域及地级市地区间空间溢出情况，判定污染物跨区域传播带来的环境问题的严重性。

（4）基于空间溢出的估算结果，构建全国性的生态补偿机制。

根据前面计算所得的各省域或地级市的污染溢出差异的浓度变化，进一步估算这一浓度变化带来的相关的健康风险及经济损失。并根据这一计算结果，分析污染接收区应该受到的经济补偿，以及其他污染溢出区应该给予的经济惩罚，基于这一目的构建全国性的生态补偿机制。

1.3.3　拟解决的关键科学问题

从研究内容和研究目标来看，本书拟解决的关键问题主要包括以下两点。

（1）大气跨界污染影响的界定及定量测算问题。

大气环境中的污染物，无论是本地排放还是外源输入，在大气流动的过程中，都相互作用共同影响。因此，从大气污染影响中剥离跨界污染影响是本书需要解决的首个问题。大气污染跨界传输对自然及社会经济各个方面都有着复杂的影响，选择哪些方面的影响来表示以及选择哪些指标来进行定量测度也是本书需要解决的关键问题。

（2）大气跨界污染的生态补偿机制体系及标准制定问题。

大气污染的传输十分复杂且多变，对自然、经济、社会等各个方面的影响也较为复杂。那么大气跨界污染生态补偿机制应该从哪些角度去构建去思考是本书研究的关键问题。具体的问题包括：补偿主体如何辨别，受偿主体如何确认，补偿资金从何而来，补偿哪些方面，如何支付，补偿标准是怎么样的，建立了补偿机构又由谁来监督和管理，等等。而要解决这些问题就要回答实证研究的结果如何应用到补偿机制构建的各个方面中，如何用定量计算的结果支撑构建科学的、可实施性强的大气跨界污染生态补偿机制。

1.3.4 研究创新点

相对已有的研究，本书的主要创新点在于：

（1）在城市尺度上系统评估了我国 31 个省区市 338 个城市的 PM2.5 的健康风险及经济损失，有助于全面且深刻地认识和把握大气污染带来的巨大威胁；在城市化与大气污染的研究基础上，更进一步探究城市化与污染产生的经济损失之间的关系，相对于空气质量或污染程度等较为抽象的概念，经济损失的描述更为立体更直观。

（2）注重不同城市化水平下、不同城市类型下城市间、区域间的健康风险及经济损失比较，以期为国家制订空气分区污染防控、大气污染区域合作治理、公众健康素养提升等政策提供成本—效益分析依据或决策参考，以减少全社会的福利损失。

（3）实现了大气跨界污染影响的定量评估，延伸了影响研究的深度和广度。在已有聚焦大气污染影响研究的基础上，剥离出跨界污染产生的影响，将跨界污染的影响研究从环境扩展到社会经济方面，详细完整地构建“跨界污染—大气环境—健康风险—经济损失”分析框架，探究从跨界污染开始到对大气环境的改变，再到健康风险、经济损失等的影响，充分将跨界污染产生的各种影响包括进来，系统地了解大气跨界污染对自然、社会、经济等各方面影响。

（4）系统构建了大气跨界补偿机制，为解决跨界污染治理与区域协作提供了新思路。在现有生态补偿基本框架下，以实证研究结果为数据支撑，克服因为大气污染物流动性和复杂理化反应而导致的缺乏定量数据支持等问题，注重地区间的环境公平、健康公平，为大气跨界污染治理的区域合作与竞争以及科学合理的补偿机制构建提供基础支撑。相对原有的区域协作制度和生态补偿框架，有数据支撑的跨界污染生态补偿机制具有更高的科学性和系统性，确保补偿机制能够顺利推行。

1.3.5 技术路线

本书在研究城市化发展过程中空气质量、相关健康风险及经济损失差异的基础上，综合已有的研究成果，考虑多方面因素，运用 InMAP 测算污染物的空间溢出效应，划分污染溢出区及污染接收区，并定量计算污染接收区应得的补偿金额，然后进一步构建生态补偿机制。根据本书的研究思路，确定本书的技术路线如图 1.3 所示。

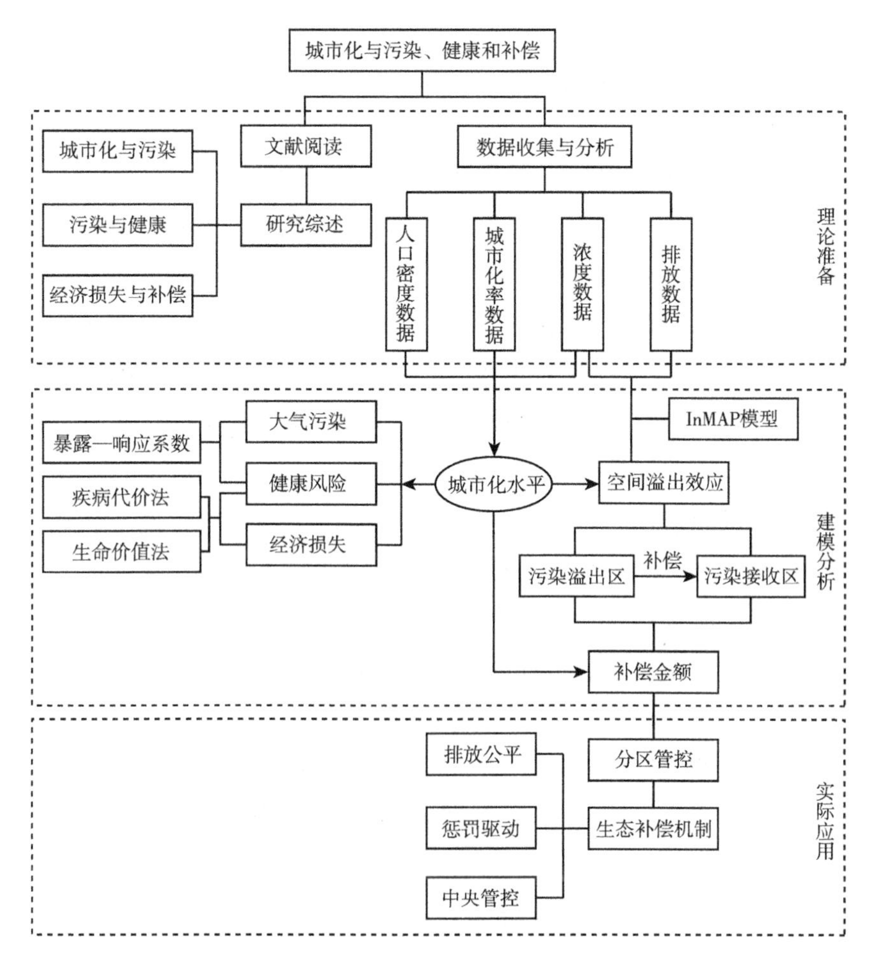

图 1.3 本书的技术路线

第 2 章 相关研究基础与方法

2.1 环境库兹涅茨曲线

2.1.1 环境库兹涅茨曲线

库兹涅茨曲线是指收入不均现象随着经济增长先升后降，呈现倒“U”形曲线关系。当一个国家经济发展水平较低时，环境污染的程度较轻，但是随着人均收入的增加，环境污染由低趋高，环境恶化程度随经济的增长而加剧；当经济发展达到一定水平后，到达某个临界点或称为“拐点”以后，随着人均收入的进一步增加，环境污染又由高趋低，其环境污染的程度逐渐减缓，环境质量逐渐得到改善，这种现象被称为环境库兹涅茨曲线（Environmental Kuznets Curve，EKC）（Northam，1979）。

而经济的发展用来表达人类行为对环境的影响还相对较为单薄，探究城市发展水平与污染的关系相对来说更能代表人类行为变化对环境的影响，这是一种环境库兹涅茨曲线的扩展应用。扩展的环境库兹涅茨曲线主要用来探究城市发展过程中，城市化水平的提升是否会对环境特别是大气环境产生影响，以及城市发展水平对大气环境的影响是正向还是负向，抑或是非线性。随着城市发展水平的提升，城市发展水平对大气环境的影响是否会出现倒“U”形曲线关系，是否会出现拐点。

2.1.2 环境库兹涅茨曲线的应用

由于短期或长期暴露于重度污染的空气中（以 PM2.5 等颗粒物为

主要污染物）可能会损害人体的呼吸、心血管和免疫系统，破坏DNA和染色体的结构，也与新生儿的过早死亡和出生缺陷有显著相关性（Fischer et al.，2015；Maji et al.，2018；Li et al.，2019）。大气污染对个人健康的影响很难估计。然而，在快速城市化的背景下，高人口密度和流动性导致遭受污染的人数急剧增加，因此对公共卫生的影响必不可少。先前的研究普遍支持城市化与居民健康之间的关系很复杂的观点（Liu et al.，2017）。城市化水平是一个可以反映城市发展水平的综合指标，因此，城市生活的各个方面都以自己的方式影响健康，其影响随特定的社会和文化背景而变化。一方面，城市居民可能会从改善的生活水平和医疗服务中受益，更高水平的城市化可以减少健康风险；另一方面，如果仅考虑环境污染引起的健康问题，尤其是发展中国家与大气污染有关的公共健康风险，则毫无疑问，城市化与健康状况较差有关。这就与城市化发展与污染的关系类似，也是一种环境库兹涅茨曲线的应用。

随着公共卫生相关研究的日益深入和详细，由PM2.5引起的健康损失的估计越来越引起人们的关注。随着医学界大量研究结果的出现，公共卫生领域的专家提出了全球疾病负担（GBD）的概念，该概念利用各种方法，包括实验、问卷调查和现场研究来分析PM2.5影响死亡率、疾病发生率、住院率、工作时间等。结果表明，如果降低PM2.5的年平均浓度，人口的预期寿命将增加，经济效益也将得到改善。相反，PM2.5浓度的增加会带来不同程度的破坏和损失。例如，Li等（2016）评估了中国62个重点环境保护城市的污染危害，结果表明，PM2.5污染导致约12.5万人过早死亡，经济损失为5705亿元。然而，在实证研究中，由于城市选择、研究方法、样本量等因素的差异，从不同的流行病学案例中获得的暴露反应系数将有很大差异，从而给实际的健康和经济损失带来一定的偏差。近年来，环境经济学的研究开始兴起。为了直观地认识到大气污染对居民健康的不利影响，学者们使用了统计生命值（VSL）、支付意愿（WTP）、边际支付意愿（MWTP）和疾病成本（COI）以评估对经济的影响并计算经济损失的金额。相对于城市发展水平与大气环境质量的关系，健康风险带来的经济损失受城市发展带来的影响更为显著，因此进一步探讨城市发展水平与经济损失的关系，有助于让政策制定者意识到污染带来的危害和污染治理的急迫性。

2.2 环境的外部性及其发展过程

2.2.1 环境的负外部性

当个人或企业在行动时并不付出行动的全部代价或享受行动的全部收益时，经济学家就认为存在着外部性。解决外部性的基本思路让外部性内部化（internalize the externalities），即通过制度安排经济主体进行经济活动所产生的社会收益或社会成本，转为私人收益或私人成本，是技术上的外部性转为金钱上的外部性，在某种程度上强制实现原来并不存在的货币转让（唐跃军和黎德福，2010）。

负外部性，也称为外部成本或外部不经济，是指一个人的行为或企业的行为影响了其他人或企业，使之支付了额外的成本费用，但后者又无法获得相应补偿。或是对交易双方之外的第三者所带来的未在价格中得以反映的成本费用（郝亮等，2019）。

环境负外部性：环境负外部性又称为外部不经济，本质上是指生产和消费过程中给他人及生态环境造成损失，而其他人却不能得到补偿。在考虑自身利益的情况下，厂商忽视社会伦理和社会道德，给他人和环境造成了损害，而自身却不需要承担这种“外部成本”，从而导致社会边际成本大于个人边际成本（曹颖，2019）。

一个社会个体包括个人或企业等在经济活动中不顾及环境成本将自身的利益建立在将成本分散为社会承担上，它会导致低效率的社会资源配置状态和生态环境污染，恶化的负面影响是典型的个体成本外溢的负外部性问题。环境外部性产生的原因大致包括以下三个方面：一是产权模糊是外部性尤其是负外部性的一个典型来源。由于生态环境是一种特殊的物品——公共产品，使用上具有非竞争性和非排他性，公共产品的产权通常是不明晰的任何人无法用有效的手段阻止他人对某一公共产品的使用。这样的环境资源，私人对其的损耗和破坏带来的后果由社会分担，因而会刺激单个利益主体对其过度利用，以谋求自身利益的最大化导致经济消极外部性的产生。于是，“公地悲剧”必然会不断上演，即出现了大量的把好处留给自己、坏处转嫁给社会的“搭便车”现象。二是“市场缺陷”导致负外部性。古典经济学家认为市场是一双“看不见的手”引导“经济人”在谋取自身利益的同时客观上促进社会福利，自利心对社会不仅没有坏处甚至比社会关怀更能促进社会福利。但是市场机制发挥作用要有一定的前提条件或者说有一定范围的，那就是产权首先是明晰的。公共产权是未加明确界定的产权，它将带来“市场失灵”导致很大的外部性。三是“利益分散”下产生外部性问题。无论在何种经济体制下，经济活动都是分散进行的，各经济主体在利益上有其相对独立性。由于有意识地增加外部成本同降低其私人内部成本紧密相连，私人的生产活动易通过对此种物品的破坏构成对他人和社会的危害而这种危害并没有作为成本反映在私人的生产成本中，因而各个经济主体通常只考虑内部成本与效益，忽视了企业的社会责任（陈玉玲，2014）。

2.2.2　庇古税与科斯定理

2.2.2.1　第一块里程碑——马歇尔的“外部经济”理论

马歇尔是英国“剑桥学派”的创始人，是新古典经济学派的代表。马歇尔并没有明确提出外部性这一概念，但外部性概念源于马歇尔 1890 年发表的《经济学原理》。

在马歇尔看来，除了以往人们多次提出的土地、劳动和资本这三种生产要素外，还有一种要素，这种要素就是“工业组织”。工业组织的内容相当丰富，包括分工、机器的改良、有关产业的相对集中、大规模生产以及企业管理。马歇尔用“内部经济”和“外部经济”这一对概念，来说明第四类生产要素的变化如何能导致产量的增加。

马歇尔指出："我们可把因任何一种货物的生产规模之扩大而发生的经济分为两类：第一是有赖于该产业的一般发展所形成的经济；第二是有赖于某产业具体企业的资源、组织和效率的经济。我们可称前者为外部经济，后者为内部经济。在本章中，我们主要是研究了内部经济；但现在我们要继续研究非常重要的外部经济，这种经济往往能因许多性质相似的小型企业集中在特定的地方——即通常所说的工业地区分布——而获得。"他还指出："本篇的一般论断表明以下两点：第一，任何货物的总生产量之增加，一般会增大这样一个代表性企业的规模，因而就会增加它所有的内部经济；第二，总生产量的增加，常会增加它所获得的外部经济，因而使它能花费在比例上较以前为少的劳动和代价来制造货物。""换言之，我们可以概括地说，自然在生产上所起的作用表现出报酬递减的倾向，而人类所起的作用则表现出报酬递增的倾向。报酬递减律可说明如下：劳动和资本的增加，一般导致组织的改进，而组织的改进增加劳动和资本的使用效率。"

从马歇尔的论述可见，所谓内部经济，是指由于企业内部的各种因素所导致的生产费用的节约，这些影响因素包括劳动者的工作热情、工作技能的提高、内部分工协作的完善、先进设备的采用、管理水平的提高和管理费用的减少等。所谓外部经济，是指由于企业外部的各种因素所导致的生产费用的减少，这些影响因素包括企业离原材料供应地和产品销售市场远近、市场容量的大小、运输通信的便利程度、其他相关企业的发展水平等。实际上，马歇尔把企业内分工而带来的效率提高称作内部经济，这就是在微观经济学中所讲的规模经济，即随着产量的扩大，长期平均成本的降低；而把企业间分工导致的效率提高称作外部经济，这就是在"温州模式"中普遍存在的块状经济的源泉。

马歇尔虽然并没有提出内部不经济和外部不经济概念，但从他对内部经济和外部经济的论述可以从逻辑上推出内部不经济和外部不经济概念及其含义。所谓内部不经济，是指由于企业内部的各种因素所导致的生产费用的增加。所谓外部不经济，是指由于企业外部的各种因素所导致的生产费用的增加。马歇尔以企业自身发展为问题研究的中心，从内部和外部两个方面考察影响企业成本变化的各种因素，这种分析方法给经济学后继者提供了无限的想象空间。

首先，如前所述，有内部经济必然有内部不经济，有外部经济必然有外部不经济，从最简单的层面可以发展马歇尔的理论。

其次，马歇尔考察的外部经济是外部因素对本企业的影响，由此自然会想到本企业的行为如何会影响其他的企业的成本与收益。这一问题正是由著名的经济学家庇古来完成的。

最后，从企业内的内部分工和企业间的外部分工这种视角来考察企业成本变化，自然会让我们想到，科斯的《企业的性质》与《社会成本问题》这两篇重要文献是不是受到马歇尔思想的影响。

2.2.2.2 第二块里程碑——庇古的“庇古税”理论

庇古是马歇尔的嫡传弟子，于1912年发表了《财富与福利》一书，后经修改充实，于1920年易名为《福利经济学》出版。这部著作是庇古的代表作，是西方经济学发展中第一部系统论述福利经济学问题的专著。因此，庇古被称为“福利经济学之父”。

庇古首次用现代经济学的方法从福利经济学的角度系统地研究了外部性问题，在马歇尔提出的“外部经济”概念基础上扩充了“外部不经济”的概念和内容，将外部性问题的研究从外部因素对企业的影响效果转向企业或居民对其他企业或居民的影响效果。这种转变正好是与外部性的两类定义相对应的。

庇古通过分析边际私人净产值与边际社会净产值的背离来阐释外部性。他指出，边际私人净产值是指个别企业在生产中追加一个单位生产要素所获得的产值，边际社会净产值是指从全社会来看在生产中追加一个单位生产要素所增加的产值。他认为，如果每一种生产要素在生产中的边际私人净产值与边际社会净产值相等，它在各生产用途的边际社会净产值都相等，而产品价格等于边际成本时，就意味着资源配置达到最佳状态。但庇古认为，边际私人净产值与边际社会净产值之间存在下列关系：如果在边际私人净产值之外，其他人还得到利益，那么，边际社会净产值就大于边际私人净产值；反之，如果其他人受到损失，那么，边际社会净产值就小于边际私人净产值。庇古把生产者的某种生产活动带给社会的有利影响，叫作“边际社会收益”；把生产者的某种生产活动带给社会的不利影响，叫作“边际社会成本”。

适当改变一下庇古所用的概念，外部性实际上就是边际私人成本与边际社会成本、边际私人收益与边际社会收益的不一致。在没有外部效应时，边际私人成本就是生产或消费一件物品所引起的全部成本。当存在负外部效应时，由于某一厂商的环境污染，导致另一厂商为了维持原有产量，必须增加诸如安装治污设施等所需的成本支出，这就是外部成本。边际私人成本与边际外部成本之和就是边际社会成本。当存在正外部效应时，企业决策所产生的收益并不是由本企业完全占有的，还存在外部收益。边际私人收益与边际外部收益之和就是边际社会收益。通过经济模型可以说明，存在外部经济效应时纯粹个人主义机制不能实现社会资源的帕累托最优配置。

需要注意的是，虽然庇古的“外部经济”和“外部不经济”概念是从马歇尔那里借用和引申来的，但是庇古赋予这两个概念的意义是不同于马歇尔的。马歇尔主要提到了“外部经济”这个概念，其含义是指企业在扩大生产规模时，因其外部的各种因素所导致的单位成本的降低。也就是说，马歇尔所指的是企业活动从外部受到影响，庇古所指的是企业活动对外部的影响。这两个问题看起来十分相似，其实所研究的是两个不同的问题或者说是一个问题的两个方面。庇古已经对马歇尔的外部性理论大大向前推进了一步。

既然在边际私人收益与边际社会收益、边际私人成本与边际社会成本相背离的情况下，依靠自由竞争是不可能达到社会福利最大的。于是就应由政府采取适当的经济政策，消除这种背离。政府应采取的经济政策是：对边际私人成本小于边际社会成本的部门实施征税，即存在外部不经济效应时，向企业征税；对边际私人收益小于边际社会收益的部门实行奖励和津贴，即存在外部经济效应时，给企业以补贴。庇古认为，通过这种征税和补贴，就可以实现外部效应的内部化。这种政策建议后来被称为“庇古税”。

庇古税在经济活动中得到广泛的应用。在基础设施建设领域采用的“谁受益，谁投资”的政策、环境保护领域采用的“谁污染，谁治理”的政策，都是庇古理论的具体应用。排污收费制度已经成为世界各国环境保护的重要经济手段，其理论基础也是庇古税。

当然庇古税也存在一定的局限性：

第一，庇古理论的前提是存在所谓的“社会福利函数”，政府是公共利益的天然代表者，并能自觉按公共利益对产生外部性的经济活动进行干预。然而，事实上，公共决策存在很大的局限性。

第二，庇古税运用的前提是政府必须知道引起外部性和受它影响的所有个人的边际成本或收益，拥有与决定帕累托最优资源配置相关的所有信息，只有这样政府才能定出最优的税率和补贴。但是，现实中政府并不是万能的，它不可能拥有足够的信息，因此从理论上讲，庇古税是完美的，但实际的执行效果与预期存在相当大的偏差。

第三，政府干预本身也是要花费成本的。如果政府干预的成本支出大于外部性所造成的损失，从经济效率角度看消除外部性就不值得了。

第四，庇古税使用过程中可能出现“寻租”活动，会导致资源的浪费和资源配置的扭曲。

2.2.2.3　第三块里程碑——科斯的“科斯定理”

科斯是新制度经济学的奠基人，因为他“发现和澄清了交易费用和财产权对经济的制度结构和运行的意义”，荣获了 1991 年度的诺贝尔经济学奖。科斯获奖的成果在于两篇论文，其中之一就是《社会成本问题》。而《社会成本问题》的理论背景是“庇古税”长期以来，关于外部效应的内部化问题被庇古税理论所支配。在《社会成本问题》中，科斯多次提到庇古税问题。从某种程度上讲，科斯理论是在批判庇古理论的过程中形成的（李寿德、柯大钢，2000）。科斯对庇古税的批判主要集中在以下几个方面。

第一，外部效应往往不是一方侵害另一方的单向问题，而是具有相互性。例如，化工厂与居民区之间的环境纠纷，在没有明确化工厂是否具有污染排放权的情况下，一旦化工厂排放废水就对它征收污染税，这是不严肃的事情。因为，也许建化工厂在前，建居民区在后。在这种情况下，也许化工厂拥有污染排放权。要限制化工厂排放废水，也许不是政府向化工厂征税，而是居民区向化工厂“赎买”。

第二，在交易费用为零的情况下，庇古税根本没有必要。因为在这时，通过双方的自愿协商，就可以产生资源配置的最佳化结果。既然在产权明确界定的情况下，自愿协商同样可以达到最优污染水平，可以实现与庇古税一样的效果，那么政府又何必多管闲事呢？

第三，在交易费用不为零的情况下，解决外部效应的内部化问题要通过各种政策手段的成本—收益的权衡比较才能确定。也就是说，庇古税可能是有效的制度安排，也可能是低效的制度安排。

上述批判就构成所谓的科斯定理：如果交易费用为零，无论权利如何界定，都可以通过市场交易和自愿协商达到资源的最优配置；如果交易费用不为零，制度安排与选择是重要的。这就是说，解决外部性问题可能可以用市场交易形式，即自愿协商替代庇古税手段。

科斯定理进一步巩固了经济自由主义的根基，进一步强化了“市场是美好的”这一经济理念。并且将庇古理论纳入自己的理论框架之中：在交易费用为零的情况下，解决外部性问题不需要“庇古税”；在交易费用不为零的情况下，解决外部性问题的手段要根据成本—收益的总体比较，也许庇古方法是有效的，也许科斯方法是有效的。可见，科斯已经站在了巨人——庇古的肩膀之上。有的学者把科斯理论看作对庇古理论的彻底否定，这是一种误解。实际上，科斯理论是对庇古理论的一种扬弃。

随着 20 世纪 70 年代环境问题的日益加剧，实行市场经济的国家开始积极探索实现外部性内部化的具体途径，科斯理论随之而被投入实际应用之中。在环境保护领域排污权交易制度就是科斯理论的一个具体运用。科斯理论的成功实践进一步表明，“市场失灵”并不是政府干预的充要条件，政府干预并不一定是解决“市场失灵”的唯一方法。

科斯理论的局限性表现在：第一，在市场化程度不高的经济中，科斯理论不能发挥作用。特别是发展中国家，在市场化改革过程中，有的还留有明显的计划经济痕迹，有的还处于过渡经济状态，与真正的市场经济相比差距较大。例如，在上海市苏州河的治理过程中，美国专家不断推销他们的污染权交易制度，但试行下来效果不佳。

第二，自愿协商方式需要考虑交易费用问题。自愿协商是否可行，取决于交易费用的大小。如果交易费用高于社会净收益，那么，自愿协商就失去意义。在一个法制不健全、不讲信用的经济社会，交易费用必然十分庞大，这样，就大大限制了这种手段应用的可能，使它不具备普遍的现实适用性。

第三，自愿协商成为可能的前提是产权是明确界定的。而事实上，像环境资源这样的公共物品产权往往难以界定或者界定成本很高，从而使自愿协商失去前提。

任何一种理论都不可能是完美无缺的，科斯理论也不例外。尽管如此，可以毫不夸张地说，科斯奠定了外部性理论发展进程中的第三个里程碑，而且其理论和实践意义远远不是局限于外部性问题，为经济学的研究开辟了十分广阔的空间。

2.3 污染跨域传输的合作与博弈

大气污染的跨域协同治理是近几年政府在大气污染治理过程中的一个重要政策导向。随着大气污染跨区域传输问题的集中凸显，中央层面出台了一系列的政策来推动大气污染的跨域协同治理。2010 年 5 月 11 日，环境保护部、国家发改委等 9 大部委共同发布了《关于推进大气污染联防联控工作改善区域空气质量的指导意见》（国办发〔2010〕33 号）（以下简称《意见》）。《意见》指出“解决区域大气污染问题，必须尽早采取区域联防联控措施”的思路。此后，国家层面又陆续出台一系列综合性的政策性文件来推动大气污染协同治理，如《国家环境保护“十二五”规划》（2011）、《重点区域大气污染防治“十二五”规划》（2012）等。其中，2013 年发布的《大气污染防治行动计划》明确提出“建立京津冀，长三角区域大气污染防治协作机制，由区域内省级人民政府和国务院有关部门参加，协调解决区域突出环境问题，并将治理任务完成情况纳入政府考核体系”。

在学术研究层面，大气污染的跨区域协同治理研究也得到了重点关注。学者们主要从三个维度对大气污染的跨域协同治理展开分析和研究：第一，大气污染跨域协同的驱动因素探讨。一些研究将大气环境意识视为影响合作达成与稳定性的重要因素。例如，Min 等（2002）在其研究中指出，随着环境意识水平提高，参与合作的地区以及合作收益会增加，进而合作的稳定性和有效性也会加强。Park（2009）也认为环境观念会对合作的达成产生关键影响。也有学者从合作主体间的依赖关系和共同利益等角度对合作的驱动因素进行探讨（Wang and Hao，2010；王金南等，2012）。第二，大气污染跨域协同治理的合作博弈分析。跨国别或跨地区环境治理中的博弈研究主要涉及合作博弈与不合作博弈。合作博弈主要是探讨在合作协议、机制已经存在的情况下，建立最大化区域整体福利的目标函数（薛俭等，2014；Eyckmans and Tulkens，2003）。在不合作博弈情况下，目标函数则是地区自身利益的最大化。通过模型研究，最终得出的均衡解包括保持现状、完全合作、不合作（高明等，2016；Finus，2003）。在博弈研究中，关于合作联盟规模的问题一直是学者争论的焦点，这种争议一方面是因为不同研究针对的环境问题本身特征差异造成的，另一方面也因为研究者基于的假设有所差异。例如，在针对同一区域的同一环境的研究中，有的学者认为大联盟不稳定，其合作的区域收益不如小联盟（罗冬林、廖晓，2015），另一些研究则得出相反的结论（许光清、董小琦，2017）。第三，大气污染跨域协同治理的模式与效果探讨。Gunningham 等（2009）指出，当前关于跨域环境问题协同治理的模式探讨集中体现在两个维度：其一是协同组织模式；其二是府际协议模式。郭施宏和齐晔（2016）基于府际关系理论的视角，就京津冀大气污染协同治理对模式进行探讨，指出京津冀现行的协同模式是一种伙伴关系模式。谢宝剑和陈瑞莲（2014）同样指出现行区域合作治理模式主要是府际主导，包括纵向的府际主导和横向的府际主导。另外，一些学者基于特定的案例，对京津冀大气污染协同治理的效果进行了考察。Schleicher 等（2012）探讨了 2008 年北京奥运会期间联合治理措施对细颗粒物污染的影响，指出联合措施确实在很大程度上降低了细颗粒物的污染浓度。Wang 等（2016a）对 APEC 会议期间，北京及其周边地区联合采取的排放控制措施进行了主要污染物指标的量化评估，考察了控制措施在不同污染物减排效果方面的差异性问题。也有研究指出，虽然在 APEC 其间采取的一系列协同措施极大地提升了空气质量，但是如此大规模的减排措施所花费的财政成本是巨大的（Wang et al.，2016b）。

2.4　大气污染对健康影响评估方法

2.4.1　人力资本法

传统的人力资本法（郑玉歆，2002）是最早的非市场物品价值评估方法之一。人力资本法是指将每一个人作为一个生产财富的资本进行核算，通过一个人一生所生产的财富来定义其经济价值。人力资本是指体现在劳动者身上的资本，主要包括劳动者的文化知识和技术水平以及健康状况。传统的人力资本法存在伦理道德缺陷，在估算污染引起早逝的经济损失时，往往应用人均 GDP 作为一个统计生命年对社会的贡献，这是从社会角度来评估人的生命价值，我们称其为修正的人力资本法。这种方法与人力资本法的区别在于，人力资本法是从个体的收入来考察人的价值，而修正的人力资本法是从整个社会的角度，来考察人力生产要素对社会经济增长的贡献。污染引起的过早死亡损失了人力资源要素，因而减少了统计生命年间对 GDP 的贡献。因此，对整个社会而言，损失一个统计生命年对社会而言就是损失了一个人均 GDP。从社会的角度来看，大气污染引起的人群的患病、过早死亡等降低或减少了人力资源要素，导致了人力资源要素对 GDP 贡献的减少，整个社会受到了损失。该方法中用人均 GDP 来表示一个统计生命年的价值，因此不需要考虑个体价值的差异，修正的人力资本损失相当于损失的生命年中的人均 GDP 之和。

2.4.2 支付意愿法

支付意愿法（李莹等，2002）是指通过调查人群对未参与市场物品或者服务进行经济价值定价的方法，一般采用问卷调查等方法来实现赋值或定价，通过咨询或调查人们愿意为改善空气所可以支付程度或者可以容忍的界限，来反推商品或服务的经济价值。支付意愿法试图通过直接向有关人群样本提问来发现人们是如何给一定的环境资源定价的支付意愿法。调查评价法通过构建模拟市场来揭示人们对某种环境物品从而评价环境价值的方法。它通过人们在模拟市场中的行为来进行价值评估，并通常不发生实际的货币支付。

支付意愿法度量的是个人为了避免健康风险的变化死亡风险或得病风险而愿意提供的支付意愿或个人为了同意接受健康风险的变化所需要赔偿的金额。支付意愿法是唯一可以全面衡量疾病和死亡风险给人们的损失的一种评估方法。它度量的内容不仅包括个人的医疗费用、因为生病而损失的时间价值，还包括疾病带来的精神痛苦没有包括在治疗该疾病中由社会承担的成本。

2.4.3 统计生命价值法

在大气污染健康损失评估中，一般使用 VSL（统计生命价值法）来评价死亡风险。VSL 是指人们为降低死亡风险，而愿意支付的少量金额，这些数额加起来的总值就相当于是一个统计生命（曾贤刚、蒋妍，

2002）。在没有获得 VSL 法的估计数据时，往往用人力资本法代替，得出 VSL 的下限。例如，某人可能愿意在来年支付200 元人民币使其死亡风险降低万分之一，这就是降低风险的价值。如果每人愿意支付的金额为 200 元，则 VSL = 10000 × 200 = 200 万（元）。但 VSL 并不是指某个具体的人的生命价值，而是指在统计意义上人们为了降低某一单位死亡风险而意愿付出的代价并用货币进行衡量。

2.4.4　疾病成本法

疾病成本法常被用来评价污染引起的疾病的成本（Krupnick and Cropper，1989）。该方法通常用来评估污染物导致的各类疾病成本，该方法以医学的暴露反应关系为基础，实现了污染与居民健康的直接联系，估算结果较为客观准确。在疾病成本法中，成本是指由于环境污染引起某种疾病发病率的增加，治疗这部分疾病的医疗费用，总计成本包括因患病引起的治疗费用、任何收入损失、药费等。疾病成本是对于可以防止损害出现的那些行动预测收益的估算结果。疾病成本法估价健康价值的缺陷是：人们避免疾病，一方面是避免了患病医疗费用，另一方面还避免了疾病带来的身体痛苦。疾病成本法中没有包括病人因病痛带来的精神痛苦的价值，是对患病损失的一种低估。

2.5　生态补偿机制的理论基础及政策支撑

2.5.1　生态补偿机制的理论基础

由前述的马歇尔理论和庇古税，我们可以总结出：引起资源不合理的开发利用以及环境污染破坏的一个重要原因是外部性。经济学家对外部性产生的原因和解决办法有不同的认识，其中，最著名的是庇古税和科斯定理。庇古认为，外部性产生的原因在于“市场失灵”，必须通过政府干预来解决。对于正的外部影响政府应予以补贴，相反地，对于负的外部影响应处以罚款，以使外部性生产者的私人成本等于社会成本，从而提高整个社会的福利水平。但是由于环境影响的影响较为复杂，同时很难对边际外部成本进行一个比较合适的定量核算，因此，有效的矫正负外部性和实施生态补偿是一个繁杂且很难实现的问题。科斯认为不能将外部性问题简单地看成“市场失灵”。他认为，外部性问题的实质在于双方产权界定不清，从而出现了行为权利和利益边界不确定的现象，进而产生了外部性问题。因此，要解决外部性问题就必须明确产权，即确定人们是否有利用自己的财产采取某种行动并造成相应后果的权利。他提出科斯第一定理：如果产权是明晰的，同时交易费用为零，那么无论产权最初如何界定，都可以通过市场交易使资源的配置达到帕累托最优，即通过市场交易可以消除外部性。科斯进一步探讨了市场交易费用不为零的情况，并提出了科斯第二定理：当交易费用为正且较小时，可以通过合法权利的初始界定来提高资源配置效率，实现外部效应内部化，无须抛弃市场机制。

庇古和科斯手段的目的都是解决外部性问题，使社会成本内在化；两者在资源与环境保护领域的应用即为生态补偿手段。在产权没有明确界定的情况下，由于无法决定谁的行为妨碍了谁，谁应该受到限制，因而也就不能作出谁应该补偿谁的决定。而通过技术的进步和学术界的不断深入研究，在能够界定清楚产权的基础上，其所界定的行为权利与利益边界是十分明确、无交叉含混的，此时，若一方产权主体的行为超过了其产权所界定的行为或利益边界时，他相对于受危害方产权而言，就是非产权主体。在这种情况下，危害方要么因其行为对危害方产权主体所造成的损害加以补偿，要么因要求受危害方产权主体将其产权的一部分转让（即通过市场交易重新划定产权边界）而作出补偿。只有这样的补偿才是确定的和公平的。因此，生态补偿应以资源产权的明确界定作为前提，通过体现超越产权界定边界行为的成本，或通过市场交易体现产权转让的成本，从而引导经济主体采取成本更低的行为方式，达到资源产权界定的最初目的：使资源和环境被适度持续地开发和利用，使经济发展与保护生态达到平衡协调。

2.5.2 生态补偿机制政策的发展与实践

生态补偿是一个复杂的跨学科交叉问题，涉及了环境科学、经济学、法学、公共管理等多个学科，通过国家和学者们的共同努力，对于生态补偿机制构建一直在持续，并形成了生态环境补偿、主体补偿、多元化补偿和市场化、多元化补偿四个主要的阶段。第一个阶段，党的十八大以来，以习近平同志为核心的党中央以前所未有的决心和力度推进生态文明建设，重拳整治大气污染，切实解决人民群众反映强烈的大气污染问题。为打赢蓝天保卫战，中央政府进行了一系列制度安排，其中构建大气生态补偿机制被反复提及。第二个阶段，2015年4月，中共中央、国务院发布《关于加快推进生态文明建设的意见》，首次提出要“健全生态保护补偿机制”“加快形成生态损害者赔偿、受益者付费、保护者得到合理补偿的运行机制”。第三个阶段，2016年11月，国务院印发《“十三五”生态环境保护规划》，提出要“加快建立多元化生态保护补偿机制”“创新生态环境联动管理体制机制”，建立健全区域生态保护补偿机制和跨区域排污权交易市场。第四个阶段，党的十九大报告进一步强调，必须树立和践行绿水青山就是金山银山的理念，要“加快大气污染防治和综合治理”“建立市场化、多元化生态补偿机制”。为了进一步完备补偿机制的构建，国家发展改革委、财政部、自然资源部等9部门于2019年1月印发的《建立市场化、多元化生态保护补偿机制行动计划》（以下简称《行动计划》）提出，到2020年，市场化、多元化生态保护补偿机制初步建立，全社会参与生态保护的积极性有效提升，受益者付费、保护者得到合理补偿的政策环境初步形成。到2022年，市场化、多元化生态保护补偿水平明显提升，生态保护补偿市场体系进一步完善，生态保护者和受益者互动关系更加协调，成为生态优先、绿色发展的有力支撑。

《行动计划》明确了多项重点任务，包括：建立市场化、多元化生态保护补偿机制要健全资源开发补偿、污染物减排补偿、水资源节约补偿、碳排放权抵消补偿制度，合理界定和配置生态环境权利，健全交易平台，引导生态受益者对生态保护者的补偿。积极稳妥发展生态产业，建立健全绿色标识、绿色采购、绿色金融、绿色利益分享机制，引导社会投资者对生态保护者的补偿。在配套措施方面，将健全激励机制，完善调查监测体系，强化技术支撑，为推进建立市场化、多元化生态保护补偿机制创造良好的基础条件。

2.6 研究方法

本书在广泛收集和分析国内外相关文献研究的基础上，深入归纳总结已有文献中具有重要参考价值的研究成果，在本书的研究中，广泛借鉴和运用了可持续发展、环境经济学、环境流行病学、健康经济学和健康经济学等学科的理论以及人力资本法、支付意愿法、疾病成本法、InMAP 模型等研究方法。总体来讲，本书的研究拟采用以下研究方法。

2.6.1 ESDA（探索性空间分析方法）

运用探索性空间分析方法来描述 PM2.5 浓度在空间上的分布特征及空间相关关系，该方法主要包括全局空间自相关和局部空间自相关两类。前者使用 Moran's I 指数对全局空间集聚特征进行分析；后者是用来通过 Moran 散点图、Local Moran's I 等统计量来揭示局部层面各邻近地理单元的空间相互作用关系，分析局部子系统所表现出的分布特征（Ding et al.，2017）。本书使用 Moran's I 指数分析全局空间聚集特征，其计算公式如下：

$$I = \frac{N\sum_i\sum_j W_{ij}(X_i - \bar{X})(X_j - \bar{X})}{(\sum_i\sum_j W_{ij})\sum_i (X_i - \bar{X})^2} \tag{2.1}$$

其中，N 是研究区内地区总数；X_i 和 X_j 为区域 i 和区域 j 的 PM2.5

浓度；w_{ij}为空间权重矩阵；$\overline{X}$是浓度的平均值。Moran's Ⅰ指数处于 -1 和 1 之间，当值接近 1 时，表明空间集聚性较强；当接近于 0 时，则表明空间上随机分布，或不存在空间自相关；当小于 0 时，表示空间负相关。

局部空间自相关可以用 Moran 散点图表示，本书为了更直观地表达各城市间的相互关系，选择进行地理可视化表达，即 Moran 散点空间分布图。将所有城市进一步分为四个类型（HH. HL. LL 和 LH），分别代表 PM2.5 浓度与其邻近城市的 4 种相互作用关系。HH 意味着自身和邻近城市都有较高的浓度值；LL 代表自身和邻域浓度值均较低；LH 代表被高值包围的低值区；HL 与 II 象限相反。

2.6.2　空间面板模型

目前，空间面板计量模型主要有三种形式，包括空间滞后模型（Spatial Lag Model，SLM）、空间误差模型（Spatial Error Model，SEM）以及 Lesage 和 Elhorst（2012）在上述两个模型的基础上发展出的空间杜宾模型（Spatial Durbin Model，SDM）。三种模型基本形式如下（Diao et al.，2018）。

（1）空间滞后模型（SLM）通过加入因变量的空间滞后因子进行分析（洪国志等，2010），表达式如下：

$$y = \rho Wy + X\beta + \varepsilon \tag{2.2}$$

其中，y 为因变量；X 为 n×k 阶外生解释变量矩阵；β 为解释变量系数；ρ 为空间回归相关系数；W 为 n×n 阶空间相邻权重矩阵；Wy 为空间滞后因变量，度量在地理空间上邻近地区的空间溢出效应；ε 为随机误差项向量。

（2）空间误差模型（SEM）：在模型设定过程中，很可能会遗漏一些与被解释变量相关的变量（变量具有隐蔽性或无法准确量化），而这些变量存在空间自相关性，在某些情况下忽略误差的空间自相关性也会造成模型设定的偏误（程叶青等，2013），为消除这一误差，模型表达式修改如下：

$$\begin{cases} y = X\beta + \varepsilon \\ \varepsilon = \lambda W\varepsilon + \mu \end{cases} \tag{2.3}$$

其中，ε 为随机误差项向量；λ 为 $n \times 1$ 阶的截面因变量向量的空间误差系数，衡量了样本观察值之间的空间依赖作用；μ 为服从正态分布的随机误差项向量。

（3）空间 Durbin 模型（SDM）：同时动用内生的交互效应、外生的交互效应以及具有自相关性的误差项（Elhorst，2003）：

$$y = \rho Wy + X\beta + WX\theta + \varepsilon \tag{2.4}$$

2.6.3　暴露响应函数（Integrated Exposure – response Function）

关于大气污染导致的环境健康风险评估，现有研究一般从流行病学已有的研究成果中得到的大气污染物浓度与人群健康效应之间的暴露响应关系，进而根据泊松回归的相对危险度模型进行推导变换来估算大气污染导致的人群健康效应的变化量（Apte et al.，2015；Apte et al.，2018）。在该模型中，设定人群的健康终端在 PM2.5 污染的实际浓度下的健康风险（发病或死亡率）为：

$$HI = [(RR-1)/RR] \times BIR \times EP \tag{2.5}$$

综合暴露响应函数（IER）可以表示为：

$$RR = 1 + \alpha\left[1 - \frac{1}{\exp(\beta \times (c - c_0))}\right] \tag{2.6}$$

其中，HI 代表由 PM2.5 浓度变化带来的健康终端的变化；EP 为暴露人群；BIR 为在参考基准浓度下 PM2.5 导致的死亡率或发病率；$[(RR-1)/RR]$ 为整个人口暴露在参考污染浓度下的发病率或死亡率，c 为实际 PM2.5 浓度，c_0 为参考基本 PM2.5 浓度；α、β 确定了整个公式的整体意义。

暴露响应函数分析来源于流行病学揭露长期暴露于污染的空气中对人体健康的一系列研究。美国哈佛六城市研究和美国癌症协会的研究是被广泛认可的大气污染暴露与人群健康关系的研究。但这两个研究均是在美国低 PM2.5 浓度背景下的研究结果，其研究得到的暴露反应系数并不适用于中国当前的实际情况。而中国目前相关研究较少，参考黄德生（2013）、Maji 等（2018）、Wang 等（2017）的研究，本书选取当前中国主要的流行病学研究成果，选用其暴露反应系数来进行不同健康终端的健康效应评估。本书选用的主要暴露反应系数见表 2.1。

表 2.1　主要健康终端的 PM2.5 污染暴露——居民健康响应系数和发生率

	健康终端类型	RR（10μg/m³，95% CI）	BIR per 10^5
早逝	全因死亡	1.019（1.0003，1.0081）	711.0
住院	呼吸系统疾病	1.022（1.013，1.032）	550.9
	心血管疾病	1.013（1.007～1.019）	546.0
	慢性支气管炎	1.029（1.014～1.044）	694.0
患病	急性支气管炎	1.01（1.005～1.016）	204.5
	哮喘	1.021（1.015～1.028）	940.0

依据世界卫生组织 2005 年发布的空气质量准则（Krzyzanowski and Cohen，2008）和美国癌症协会对于大气污染对人类生存率影响的研究（Pope et al.，2002），本书将 PM2.5 年平均浓度 10μg/m³ 作为长期暴露的阈值（Xie et al.，2016）。相比中国环境保护局的《环境空气质量标准》（GB 3095—2012）对 PM2.5 年均限值的一级标准（15μg/m³）、二级标准（35μg/m³），本书选用的参考值 10μg/m³ 更加严苛，PM2.5 污染的健康风险值估计结果也会变大，健康风险更加严重。这有助于在更高标准下重新评估 PM2.5 污染带来的健康风险和严峻挑战。

2.6.4　VSL 和 COI

由 PM2.5 浓度变化而导致直接经济损失（Direct Economic Losses，DEL）主要有两种，一种是由于污染导致早逝进而导致劳动力丧失而产生的经济损失，另一种则是由于 PM2.5 污染导致相关疾病的发病率上升而产生的医疗费用（曾贤刚、蒋妍，2002；Krupnick and Cropper，

1989）。由早逝带来的经济损失选择使用生命价值法（Value of Statistical Life，VSL）来进行估计（Yang et al.，2016）。同时，由疾病发病率上升而导致的经济损失使用疾病成本法（Cost of Illness，COI）来测算（Puig - Junoy et al.，2015）。估算公式如下：

$$DED = \sum_{i} 1.68 \times \frac{CDI_I}{CDI_B} \times EM_i \tag{2.7}$$

$$DEI = \sum_{ij} HE_{ij} = \sum_{ij} E_{ij} \times RP_{ij} + \frac{t_i}{252} \times GDP_i \tag{2.8}$$

$$RP_{ij} = RP_{zj} \times \frac{CDI_i}{CDI_z} \tag{2.9}$$

$$TEL = DED + DEI \tag{2.10}$$

其中，DED 代表过早死亡造成的直接经济损失。i 指的是 i 地区，CDI_i 指 i 地区人均可支配收入，CDI_B 是北京市的人均可支配收入，CDI_Z 为 i 地区所在省域人均可支配收入。EM_i 是城市 i 的由 PM2.5 污染造成的早逝人数。DEI 为与疾病相关的直接经济损失，j 是 PM2.5 污染导致的疾病类型；HE_{ij}表示居民 i 地区患第 j 类疾病而引起的额外医疗支出；RP_{ij}代表 i 城市的单位门诊服务或住院费用；RP_{zj}表示 z 省的单位门诊或住院费用（由于数据的可获得性，只能用省级单位经济损失和人均可支配收入比例来计算每个城市的单位经济损失）；E_{ij}是指 i 地区由 PM2.5 污染引起的 j 类疾病的居民数量；t_i 表示住院时间，也即误工时间（其中法定工作日为 252 天）；人均 GDP 的日平均值可以看作每日误工损失的费用，误工的时间为住院时间。TEL 是指 PM2.5 污染造成的直接经济损失（Xie et al.，2016）。

同时，慢性支气管炎病程长，不易治愈，因病耽误的时间难以确定。而慢性支气管炎往往给患者带来极大的痛苦，并显著降低患者的生活质量，因此采用 VSL 法计算单位成本较为合适。因此，本书采用 Viscusi 等（1991）和 Cheng 等（2013）的研究结果，即慢性支气管炎的单位成本为统计寿命值的 40%。

2.6.5　空间分离指数

空间分离最初用来研究劳动力空间配置问题，后来拓展到社会福利、城市住房、就业机会等方面。本书借鉴城市地理学研究成果（Grengs et al., 2010；Lau et al., 2011），构建环境质量与污染排放空间分离指数，研究污染排放与环境质量的空间分离现象。

$$
\begin{aligned}
\mathrm{SMI} &= \frac{1}{2E}\left(\left|\frac{c_1}{c}E - E_1\right| + \left|\frac{c_2}{c}E - E_2\right| + \cdots + \left|\frac{c_n}{c}E - E_n\right|\right) \\
&= \frac{1}{2E}\sum_{i=1}^{n}\left|\frac{c_i}{c}E - E_i\right| \qquad (2.11)
\end{aligned}
$$

其中，SMI 为空间分离指数，当空间分离指数大于 1 时，表明存在空间分离，且此值越大说明空间分离现象越为显著。E 为全国单位面积 PM2.5 排放总量（ton/km^2），n 为研究包含的地级市数量，E_i 为 i 城市的单位面积 PM2.5 排放总量（ton/km^2），C 为全国空气中 PM2.5 平均浓度值（$\mu g/m^3$），C_i 为 i 城市空气中 PM2.5 平均浓度（$\mu g/m^3$）。

2.6.6　InMAP 模型

欧拉化学运输模型（Eulerian Chemical Transportation Models，CTMs）是强大大气污染的机械模型工具，可以模拟减排的有效性，以减少空气质量相关的健康影响。但运行 CTM 模拟通常需要专业的专家或团队，复杂的专业知识和计算硬件设备才能运行，并且通常计算上比较复杂、耗时较长，因此在许多情况下提高了人们的使用门槛。在这里，我们介绍一种新的模型，即 InMAP（Intervention Model for Air Pollution）模型，也即大气污染干预模型，它为复杂的空气质量模型提供了一种替代方案，用于估算减排和其他潜在干预措施对大气污染的影响。InMAP 用于估计一级和二级细颗粒（PM2.5）浓度的年平均变化，其利用来自科学化学传输模型和可变空间分辨率计算网格的输出来执行比综合模型模拟计算密集程度低几个数量级的模拟（Tessum et al., 2017），它使用一次完整的欧拉化学运输模型（WRF－Chem）的年平均产量来计算排放变化引起的污染物浓度变化。

大气污染干预模型（InMAP）旨在提供污染物排放量边际变化导致的大气污染浓度变化估算（Thakrar et al.，2018），可有效降低计算的复杂性并节省运行时间。InMAP 利用先进的化学传输模型和可变空间分辨率计算网格输出的预处理物理和化学信息来进行模拟，其计算强度比综合模型模拟低几个数量级。它为需要空气质量建模的非专家提供了新的替代方案。

InMAP 的第一个优势在于使用的网格大小被设置为不同，以便在人口较多或排放量阶梯变化显著的地区具有较高的分辨率，而在高层大气和人口较少的地区具有较低的分辨率。InMAP 模型的另一个进步是易用性，唯一的用户需求输入是 shapefile 或一组 shapefile，其中包含 VOCs、SO_x、NO_x、NH_3、细颗粒物质（PM2.5）等年度总排放量变化及位置，位置可以指定为多边形、直线或点实体，还可以包含堆栈属性，InMAP 使用这些属性来计算上升气流。InMAP 使用面积加权方式将 shapefile 的排放分配给相应的模型单元。InMAP 可以在任何空间和时间尺度上运行，且模型的源代码和输入数据在开放源码许可下可以免费在线获得。

2.6.7 K－Means 聚类分析方法

K－Means 聚类分析方法也称快速聚类方法，是一种将聚类单元抽象为 m 维空间上的点，以聚类单元之间的距离权衡单元之间的相似程度的方法（Liu et al.，2018）。具体的步骤为：第一，确定聚类类型（K）；第二，确定 K 个初始类中心点；第三，基于距离最短原则进行聚类；第四，再次确定 K 类中心点；第五，判断是否已经满足终止聚类分析的条件，如若满足则停止聚类（Wegner et al.，2012）。

前面关于城市类型的描述，将城市划分为资源型城市、工业型城市以及大都市型城市。其中，工业型城市的分类指标为工业增加值占总经济增加值的百分比，资源型城市的判断依据是采矿业从业人员占总从业人员的比例，而大都市型城市特征较为复杂缺乏确切的分类依据。相对于大都市型城市，国家发改委发布的《2020 年新型城镇化建设和城乡融合发展重点任务》提出的中心型城市（直辖市、省会城市、计划单列市、重要节点等城市）较为贴合大都市型城市的概念且分类依据明确，中心型城市的指标为市辖区人口数量及城市年 GDP。此外，部分城市是不能确定主导产业或城市职能不稳定的，这里将其统一归类为其他类型城市。将 338 个城市的分类指标分别导入 SPSS 中，选定聚类类型为 2，重复利用 K－Means 聚类方法，依次划分出资源型城市、工业型城市、中心型城市，最后剩余的城市统归于其他类型城市。

第3章　不同城市化水平下的大气污染现状

3.1　中国地级市PM2.5浓度及人口的时空差异及演化

3.1.1　数据来源

本书的数据主要涉及以下内容：PM2.5污染数据、人口密度和城市化率数据、人均GDP相关经济数据、门诊服务或住院费用等医疗相关数据。

为了减少使用地面监测点可能带来的误差和数据损失，并提高计算结果的精确度，我们采用了基于卫星遥感的大气污染数据（Wang Q et al.，2018；Li T，et al.，2018）。一般而言，遥感影像数据相对地面有限的监测点数据可以反映所有排放源的综合贡献，因而更能衡量地区大气污染平均水平。因此，本书的PM2.5污染数据采用了Atmospheric Composition Analysis Group提供的0.1°分辨率的全球年度卫星衍生PM2.5产品（Xu et al.，2019），并裁剪出中国部分，再进一步用Zoon Statistics进行统计后来衡量中国城市尺度的PM2.5污染状况。

同时，已有相关暴露—响应计算健康终端变化多使用年末常住人口（Lu et al.，2015；Wang et al.，2016），这种由人口普查及抽查估计出的人口忽略了大量的流动人口，会给最终结果带来较大偏差。因此，本书采用卫星遥感数据来计算各城市的人口规模，更能准确估计当前暴露于PM2.5污染中的实际人口总量（Bagan et al.，2015）。具体的人口密度数据由GIST（Geographic Information Science and Technology）提供1×

$1km^2$ 分辨率的 Land Scan 数据计算得到（Xu et al.，2019）。

对于城市化水平，大多数现有研究使用人口城市化率来简单地代表城市发展水平（Han et al.，2014）。然而，随着研究的深入，一些学者发现人口城市化率不足以表达城市多维发展水平，由于统计口径不合理，统计结果有很大偏差（Zhang and Seto，2011）。Elvidge 等（1999）率先将夜间光照数据与城市发展联系起来，许多研究也证明了使用夜间光照数据来衡量城市发展水平的合理性（Ma et al.，2012；Zhao et al.，2018）。其中，2005～2013 年数据来自 NOAA（国家海洋和大气管理局）的美国军事气象卫星 Defense Meteorological Satellite Program（DMSP）搭载的 Operational Linescan System（OLS）传感器的稳定灯光数据，后来随着更高分辨率数据的发布，2014～2016 年本书选择了 VIIRS 卫星的 Day Night Band 夜间灯光年度数据来代表城市发展水平的指标。在灯光数据中，每个像素的 DN（Digital Number）值是城市灯光可见波段 DN 值的平均值，用于表示城市化发展水平。数据分为两段，第一段为 2006～2013 年，选择使用的 DMSP/OLS 数据，首先通过去噪处理和连续性校正，得到连续的夜间灯光数据。而 VIIRS 卫星的 Day Night Band 数据通过消除临时数据和异常值，消除背景噪声，进而因为 VIIRS 卫星的 Day Night Band 数据空间分辨率更高，像元间灰度值具有较大差异，通过设定阈值和利用 DMSP/OSL 数据为掩膜对 VIIRS 卫星的 Day Night Band 数据进行进一步处理。最后对两个数据进行区域统计数据，可以得出城市一级的城市发展水平指标。

人均 GDP、人口城市化率及人均可支配收入等数据来自《中国城市统计年鉴》及各省区市的该年统计年鉴。

3.1.2　PM2.5 浓度的时空分布特征

（1）PM2.5 浓度时间变化近 10 年浓度变化。

为探究 PM2.5 浓度近 10 年来的变化特征，选择 2006～2016 年中国的 PM2.5 遥感图进行解译，并使用 Zonal Statistic 计算出 338 个城市的年平均浓度，使用这个浓度数据做箱装图（见图 3.1）。

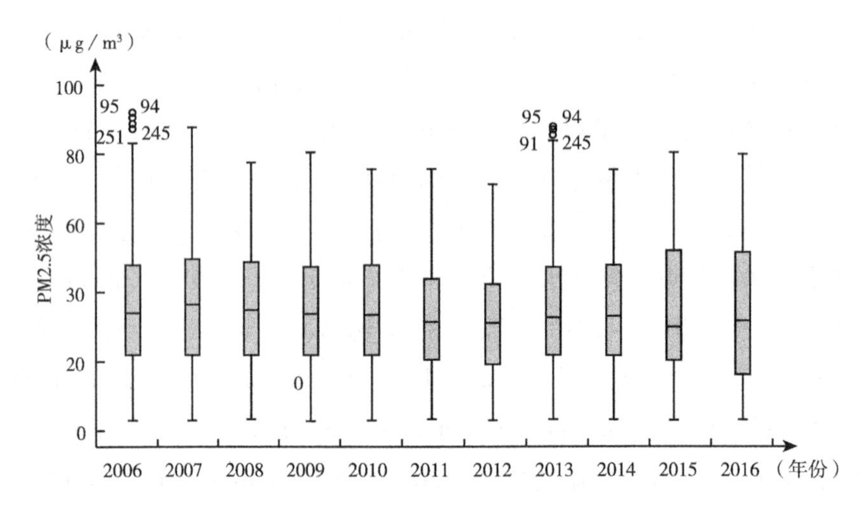

图 3.1　PM2.5 浓度的时间变化特征（箱装图中圆形标记为异常值）

由图 3.1 可以看出，整体来看 PM2.5 浓度在这 10 年间波动变化，平均值出现先上升后下降而后又上升的趋势，特别是 2013 年有一个显著的上升，这与 2013 年爆发大规模、长时间、连续性的雾霾天气的事实是相符合的。细分来看，低浓度值的差异在这 10 年间变化不大，下四分位数值也没有较为显著的变化。高浓度值则在 2007 年和 2013 年出现了峰值，且从 2012 年开始，上四分位数值不断增加，属于高浓度区的数值在不断增加。中国国家环境空气质量标准（CNAAQS）规定 PM2.5 的环境功能区质量要求二级标准为年平均浓度 35μg/m³，除 2016 年外，其他各年份平均值均在 35μg/m³ 之上，说明这 10 年来中国的 PM2.5 污染一直较为严重。

（2）PM2.5 浓度分布特征及变化。

为了更进一步分析高浓度地区分布特征及变化，选择将 2006 年以及 2016 年浓度排名前 20 位的城市选取作柱状图，如图 3.2 所示。

首先，从数值来看，最高值分别为 2006 年河北省沧州市的 90.856μg/m³ 和 2016 年山东省德州市的 80.383μg/m³。从浓度变化来说，2006 年的高值浓度大于 2016 年的高值浓度。2006 年和 2016 年超过 35μg/m³ 的城市分别为 202 个和 163 个，虽然城市数量有显著下降，

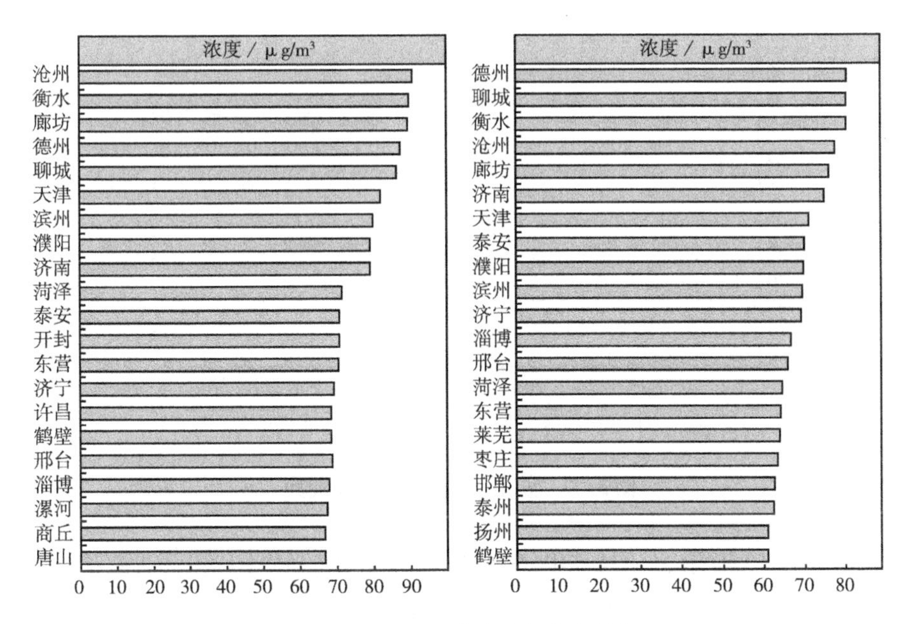

图 3.2　PM2.5 浓度空间分布特征

但全国大部分城市还是处于 PM2.5 污染的环境下，大气污染治理任重而道远。从分布特征来看，地区间的浓度具有较为显著的差异。两个年份的高浓度城市分布特征具有一致性，均呈现阶梯状分布，最高的地区集中分布在以“北京—天津—河北—山东”为中心的中东部地区，次高区主要分布在最高区东南和西南方向的周边城市，还有零散分布在东北及新疆等少部分高值区城市。相对由监测站获取的监测数据，遥感解译数据的年平均浓度值相对稍低，特别是污染最为严重的京津冀地区，但也更反映真实的地区污染平均水平，且与实际状况更为相符（Maji et al.，2018）。

3.1.3　城市化率与人口密度的时空变化特征

（1）城市化率时间演进规律。

为了探究中国城市化发展过程及发展水平，选择 2006～2016 年的全国平均城市化率和城市化增长率做折线图，如图 3.3 所示。

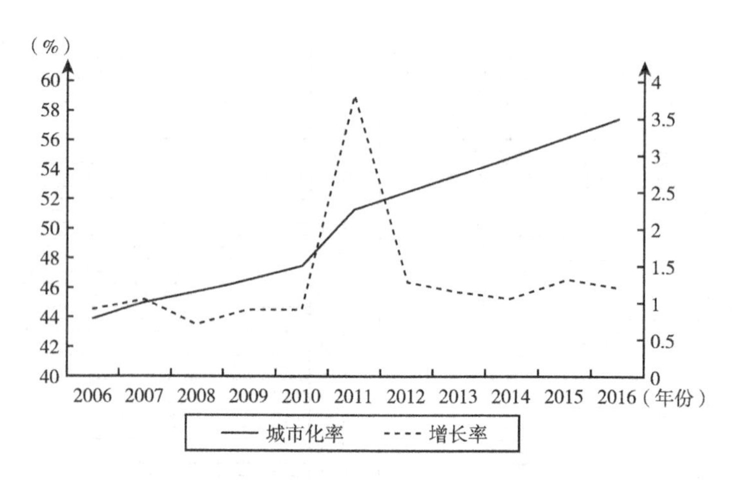

图 3.3　城市化率的时间变化曲线

如图 3.3 所示，从城市化率曲线可以看出，这 10 年间随着国家工业化和城市化的不断发展，中国的人口城市化率在不断增加，从 2006 年的 42.99% 增长到 2016 年的 57.3%，增幅超过 10%，且在 2011 年出现一个显著的增加，首次突破了 50%，意味着中国城市人口首次超过农村人口，中国城市化进入关键发展阶段。从增长率来看，除了 2011 年的一个峰值 3.77% 之外，其他年份的增值均稳定在 1% 上下，说明这 10 年是中国城市化率平稳增长的 10 年。

（2）人口密度的时间变化规律。

人口密度是表现人口分布最主要的形式和衡量人口分布地区差异的主要指标，人口密度越高的地方，暴露在污染环境下的健康风险就越大。为了考察近年来人口密度变化趋势，选择将全国平均人口密度绘制折线图，为了更进一步分析人口聚集程度，选择将城市 2006 ~ 2016 年建成区人口密度绘制折线图（见图 3.4，左侧坐标为人口密度，右侧坐标为城市建成区人口密度）。

随着时间的推移，总人口密度不断增加，这是因为 2006 ~ 2007 年人口数量的持续上升。对应地，建成区的人口密度却随着时间的推移不断降低，是由于随着城市的不断扩张，城市土地扩张的速度快于人口增长的速度。这样的趋势在一定程度上会降低暴露人群，可以有效降低城

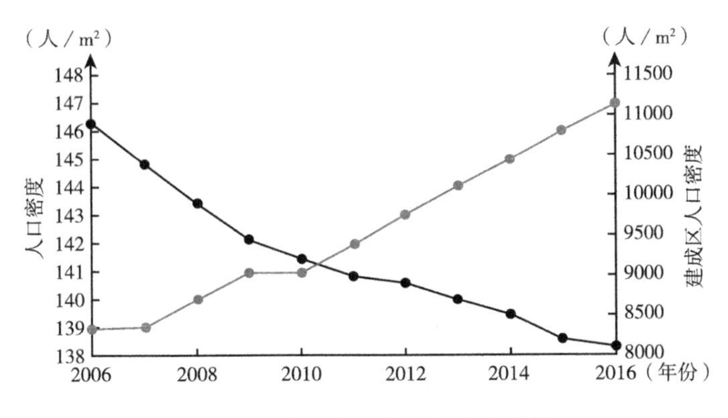

图 3.4　人口密度的时间变化曲线

市健康风险。

（3）城市化发展与人口密度的分布差异。

为了解各地区人口分布与暴露情况，将选择替代年末总人口的遥感人口密度数据进行可视化处理后得到各地级市的平均人口密度，同时由第一个城市化水平为各地级市年末总人口与城镇人口比值表示的人口城镇化率，另一个城市发展水平指标用夜间灯光数据的 DN 值来表示。为了进一步分析人口密度与城市化发展的相关关系，选择分别将人口密度与人口城市化率和灯光数据 DN 值绘制散点图（见图 3.5）。

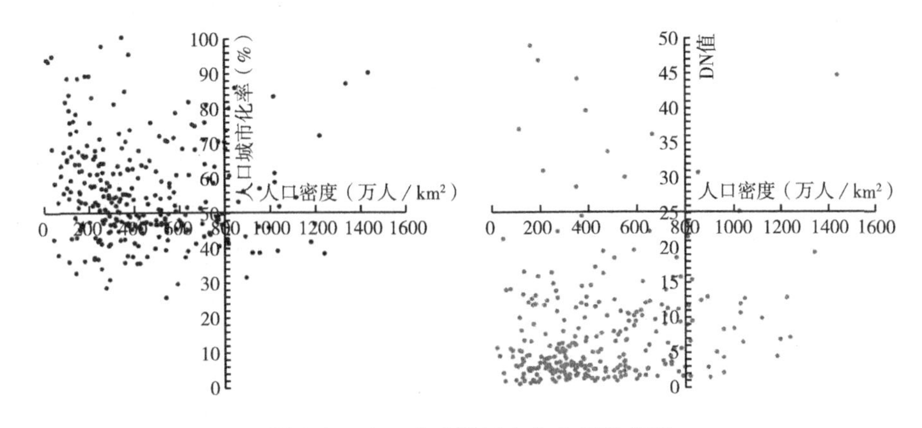

图 3.5　人口密度及城市化水平散点图

首先，从人口密度情况，胡焕庸线以东人口分布较为密集，而胡焕庸线以西大部分城市人口分布稀疏，特别是中东部及东部沿海地区的人口密度位于全国前列，内陆地区则以省会城市等大城市为中心的城市群及周边人口分布较为密集。这个分布特征与 PM2.5 浓度分布特征有一定的相似性，也就是说，大多数人口分布密集的地区恰恰也是污染最为严重的区域，特别是京津冀地区、成渝地区和中原城市群地区。因此必须结合 PM2.5 密度及人口分布状况这两个主要的影响因素，才能进一步定量计算暴露于污染空气中的健康终端变化状况。

城市化率是一个可以综合反映城市发展水平的指标，城市化带来了人口集聚，由于人口的集聚和生活方式的改变，城市人口对吃穿住行的需求进一步膨胀，从而加速了建筑业的发展和机动车的增加，加剧了城市生活型大气污染（杜雯翠、冯科，2013）。人口城市化率分布与人口分布存在一定的差异，相似的是超过全国平均水平的城市多为东部沿海城市及内陆省会城市，特别是北京、上海、深圳、广州等特大城市，城市化率居全国前列。其不同主要表现在两个方面：一是中东部省域如山东、河南的城市虽然人口密度较高，但城市化率相对较低，这是因为大多人口居住在农村地区，城市发展规模不大；二是西部省域部分城市，如克拉玛依市、乌海市、嘉峪关市等，由于特殊的经济结构或较高的工业化水平而具有较高的城市化率，但人口密度相对较低。

从城市化水平即地级市水平 DN 值来看，城市化水平与人口密度之间的分布特征有一些相似的方面：大多数高于全国平均水平的城市是东部沿海城市和内陆省会城市，尤其是北京、上海、深圳和广州等特大城市，其城市化水平居全国之首；但也具有一定的差异，例如在城市化水平方面，地区之间的差异更为突出，高城市化地区较少，以点的形式散布，斑块状的分布仅发生在几个大城市和周边地区，如长三角和珠三角城市群。而中部和东部的一些城市尽管人口密度很高，但城市化水平较低，没有形成连片的城市分布。这是经济和工业发展的原因，这些地区的城市化发展比东部沿海地区要慢，城市的数量和规模较小，虽然人口数量大，但实际上大多数人口属于农村地区。在这一点上人口城市化率与城市发展水平两个空间分布表现出了相似性，同时城市发展水平在这一方面表现得更为明显。

3.2　不同城市化水平下的空气环境质量比较

3.2.1　污染浓度、人口密度和城市化的相关关系

在众多探究人类活动对PM2.5浓度的影响时，人口密度和城市化是众多研究中不可或缺的两个重要因子（Wang et al.，2014；邵帅等，2019）。学者们认为是城市化的不断推进产生了集聚效应，推动经济发展的同时，也带来了人口集聚、交通拥挤和环境污染等城市病（邵帅等，2019）。为分析这三者之间的关系，我们选择将城市化率和人口密度分别与PM2.5浓度进行拟合，并分为低浓度阶段的拟合（上方）和高浓度阶段的拟合（下方）（见图3.6）。

整体来看，虽然污染与城市化和人口密度均有一定的相关性，但并不显著，特别是人口密度在低浓度阶段的拟合和城市化率在高浓度阶段的拟合。相对而言，城市化在低浓度阶段的拟合特别是人口密度在高浓度阶段的拟合相关性显著性较高，意味着污染较为严重的地区大多也是人口密集分布的地区。这一现象对健康的影响几乎是"雪上加霜"，更多的人生活在污染较为严重的地区。城市化率较高的城市同时还面临单位医疗消耗高、务工损失大等问题，因此，我们必须深入探讨PM2.5污染对人们健康的影响，并使政策制定者充分意识到环境问题的紧迫性和危害性。所以本书选择探究城市化与健康影响和经济损失之间的关系，可以更加直观地看出不同城市化水平下污染造成的经济损失的差异，便于划分优先区域及重点区域。

3.2.2　基于统计数据的分析

对于城镇化水平的评价指标，现有研究大多采用人口城镇化率来简单表示城市发展水平。但也有学者发现，人口城镇化率不足以表达多维

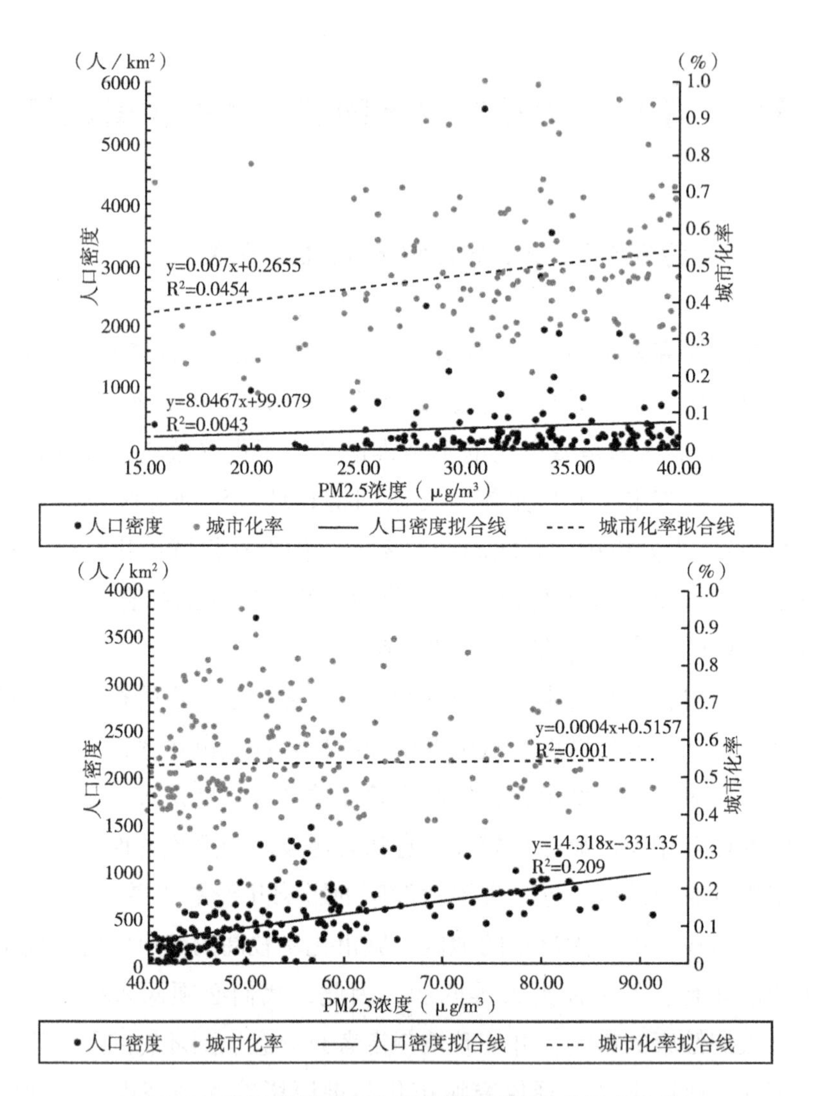

图 3.6　PM2.5 浓度与人口密度和城市化的拟合关系

度城市发展水平。另一个原因是中国特殊的户籍制度使官方城镇化率与实际城镇化水平相差甚远。进而，许多研究发现并证明了利用夜间灯光数据来衡量城市发展水平的合理性（Ma et al.，2012）。因此本书选择这两种城市化水平分别进行拟合，并进行对比分析。

（1）模型构建及变量的描述性统计。

IPAT 方程由于形式简洁、限制少，被广泛用以分析环境变化的驱动因素。该模型将对环境的所有影响因素分为三类：人口规模、财富和技术，即：I = P × A × T（York et al.，2002）。Waggoner（2004）把IPAT模型中的T细分成C和T，并提出了I_mPACT等式。为克服原模型中无法区分各变量对环境影响程度的大小，Dietz和Rose（1994）把IPAT模型表示成随机形式，即$I = \alpha P^{\beta} A^{\gamma} T^{\lambda} \mu$，并称为Stirpat模型，其中，α为模型的系数，β、γ、λ为各个因素的指数参数，μ为随机误差。本书利用Stirpat模型对不同城市水平下的PM2.5浓度进行实证检验，在对模型进行对数化处理后得到了如下的实证形式：

$$\ln(PM2.5_{it}) = \alpha_0 + \alpha_1 \ln(UR_{it}) + \alpha_2 \ln(IP_{it}) + \alpha_3 \ln(PC_{it}) + \alpha_4 \ln(POP_{it}) + \alpha_5 \ln(GDP_{it}) + \mu_{it} \quad (3.1)$$

其中，i表示地区，t表示时间，μ_{it}为误差项。PM2.5表示PM2.5浓度；GDP是人均实际GDP；IP代表产业结构（表示为第二产业产值占GDP的百分比）；PC代表私家车数量（表示为年底的私人汽车总量）；POP表示人口密度；UR是人口城市化率（表示为城市人口占总人口的比例）。本书中所使用变量的具体描述见表3.1。

表3.1　相关变量的定义及统计描述

变量	定义	单位	平均值	标准差.	方差	最小值	最大值
PM2.5	PM2.5浓度	$\mu g/m^3$	37.249	16.685	278.383	2.600	90.856
UR	人口城市化率	%	57.272	443.563	196748.4	9.84	100
GDP	人均GDP	元	34123.37	11996.22	8.27e+08	2199	467749
EI	产业结构	%	49.303	11.038	121.836	15.17	90.97
PC	私人车辆拥有量	辆	256100	410218.6	1.68e+11	3373	5476100
POP	人口密度	万人/km^2	435.4876	307.7553	94713.35	17.22	3375.2

（2）面板数据检验及结果分析。

图3.7是面板数据处理及空间计量模型使用的概念流程图（丁镭，2016），包括拟合前一系列的面板数据检验和模型的选择，以期找到最合适的计量模型，降低计算过程和模型选择带来的误差。具体流程为：第一步，进行单位根检验，确定数据是否平稳，只有平稳的数据才能进

行后续数据处理，避免虚假回归。第二步，进行协整检验，确定变量间是否存在稳定的相关关系，剔除没有关系的变量。第三步，对协整剔除后的变量进行霍斯曼检验，来分析随机效应模型还是固定效应模型更合适研究。第四步，空间效益检验。如果研究数据包含空间数据，那么需要使用 ARCGIS 或者 Geoda 建立空间矩阵并分析变量的空间相关性，如果存在显著的空间相关性则可以选择使用空间计量模型。第五步，一旦

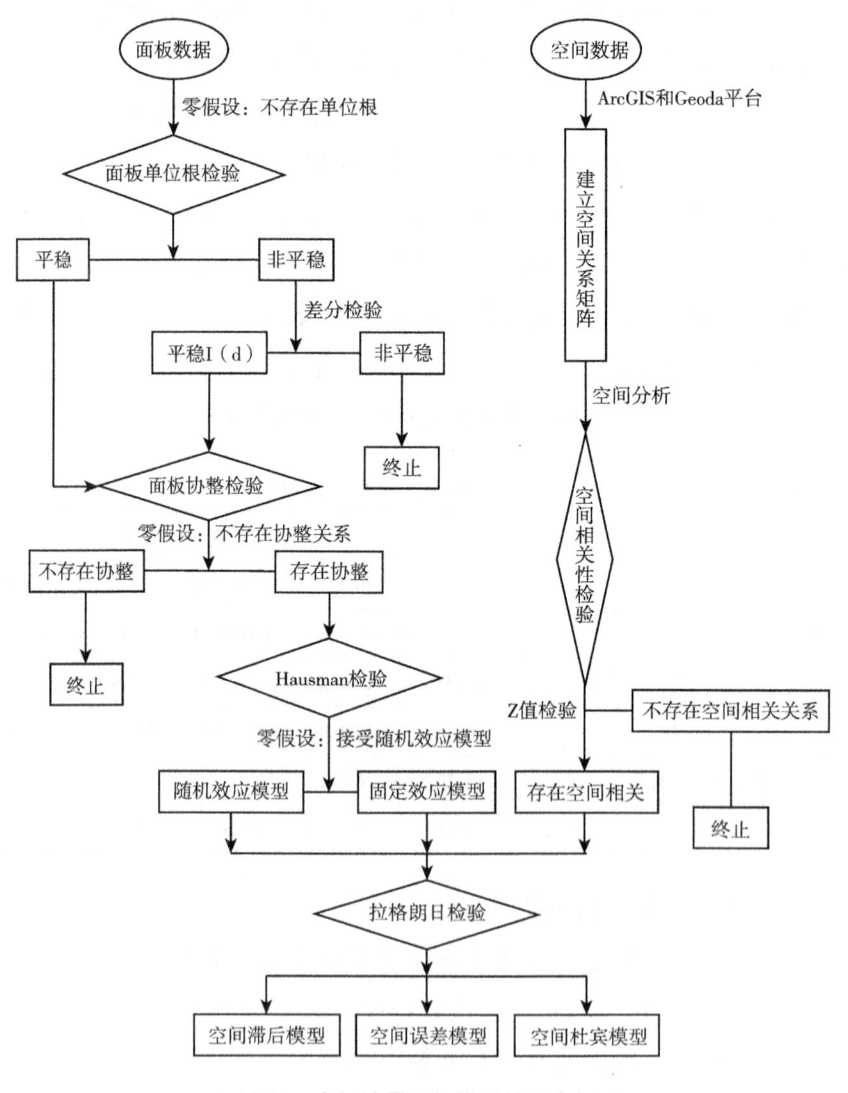

图 3.7　空间计量面板模型的概念框架

确定要使用空间计量模型，经过拉格朗日检验确定合适的空间计量模型。

在进行模型拟合前，首先要做的是面板数据的检验，面板数据是由时间序列数据和横截面数据混合而成的，一些非平稳的“经济时间序列”往往表现出共同的变化趋势，而这些序列之间不一定有直接的关联。此外，对这些数据进行回归，其结果没有任何实际意义，这种情况称为虚假回归或“伪回归”。

①平稳性检验。

面板数据的平稳检验，本书主要选取两种检验方法，即 Levin - Lin - Chu 检验（适用于同根）和 Im - Pesaran - Shin 检验（适用于不同根），检验结果见表 3.2。结果表明，Levin - Lin - Chu 检验显示所有的变量都在水平上平稳，且在 1% 水平上显著。但 Im - Pesaran - Shin 检验中有些变量存在单位根，选择将所有变量进行一阶差分，再一次进行单位检验，此时所有变量都平稳了，且在 1% 水平上显著。

表 3.2　面板数据的单位根检验结果

	变量	Levin - Lin - Chu 检验	Im - Pesaran - Shin 检验
水平变量	lnPM2.5	-0.69790***	-1.649***
	lnUR	-0.12513***	-1.477*
	$(\ln UR)^2$	-0.15218***	-1.280
	$(\ln UR)^3$	-0.17162***	-0.996
	lnIP	-0.15620***	-1.138
	lnGDP	-0.26822***	-1.330
	lnPC	-0.26907***	-1.742***
	lnPOP	-0.09582***	-1.060
一阶差分变量	lnPM2.5	-1.87300***	-3.033***
	lnUR	-1.27185***	-2.014***
	$(\ln UR)^2$	-1.60172**	-2.186***
	$(\ln UR)^3$	-1.97965***	-2.107***

续表

	变量	Levin - Lin - Chu 检验	Im - Pesaran - Shin 检验
一阶差分变量	lnIP	-1.09963***	-1.959***
	lnGDP	-1.46367***	-2.405***
	lnPC	-1.20435***	-3.179***
	lnPOP	-1.12107***	-1.953***

注：***、**和*分别表示1%、5%和10%的显著性水平。

②协整检验。

为进一步检验 PM2.5 浓度与各解释变量之间是否存在稳定的长期关系，本书采用 Pedroni 协整检验，在小样本（即时间跨度 <20）情况下，选择使用 Gt Statistic、Ga Statistic、Pt Statistic、Pa Statistic 四种检验方式。检验结果显示，除了 PC（私家车拥有量）外，其他每一个解释变量与 PM2.5 浓度之间在 1% 的显著水平上都存在协整关系，因此剔除 PC 这个影响因素。

表 3.3　　面板数据的协整检验结果

变量	LnUR	$(\ln UR)^2$	$(\ln UR)^3$	lnIP	lnPC	lnPOP	lnGDP
Gt Statistic	-1.538***	-0.918***	-0.619	-1.557***	-0.927	-1.907***	-0.966
Ga Statistic	-2.728	-1.664	-1.153	-3.182	-1.268	-3.665	-1.788
Pt Statistic	-15.925***	-10.213***	-6.615**	-17.61***	-9.698*	-15.228***	-13.849***
Pa Statistic	-1.970***	-0.968	-0.450	-2.460***	-0.901	-2.158***	-1.577***

注：***、**和*分别表示1%、5%和10%的显著性水平。

③Hausman 检验。

根据面板数据的不同特性，使用合适的模型去分析 PM2.5 浓度的驱动因素对实证研究的准确性是至关重要的，因此，本书将选用 Hausman 检验来分析应该使用固定模型还是随机模型。当 Hausman 检验结果的 P 值大于 10% 时，我们就认为应该接受"建立随机模型"的原假设，否则应该建立固定模型。

由于本书主要为了探究城市化水平变化对污染浓度的影响，因此选择构建以城市化率为主要解释变量的模型，包括一次项、二次项和三次项三种模型：

$$PU1: \ln(PM2.5_{it}) = \alpha_0 + \alpha_1\ln(UR_{it}) + \alpha_2\ln(IP_{it}) + \alpha_3\ln(POP_{it}) + \alpha_4\ln(GDP_{it}) + \mu_{it} \quad (3.2)$$

$$PU2: \ln(PM2.5_{it}) = \alpha_0 + \alpha_1\ln(UR_{it}) + \alpha_2\ln(UR_{it})^2 + \alpha_3\ln(IP_{it}) + \alpha_4\ln(POP_{it}) + \alpha_5\ln(GDP_{it}) + \mu_{it} \quad (3.3)$$

$$PU3: \ln(PM2.5_{it}) = \alpha_0 + \alpha_1\ln(UR_{it}) + \alpha_2\ln(UR_{it})^2 + \alpha_3\ln(UR_{it})^3 + \alpha_4\ln(IP_{it}) + \alpha_5\ln(POP_{it}) + \alpha_6\ln(GDP_{it}) + \mu_{it} \quad (3.4)$$

为了检测哪种模式最适合估计模型，本书首先选择非空间面板模型进行模拟，非空间面板数据模型的估计结果列于表 3.4 中。

表 3.4　　传统面板数据模型估计结果

变量	FE（固定效应模型）			RE（随机效应模型）		
	PU1	PU2	PU3	PU1	PU2	PU3
常数项	3.1058*** (6.88)	3.4769*** (7.41)	1.2093 (1.18)	0.2194 (0.88)	0.7434** (2.53)	-1.9107** (-2.12)
lnUR	-0.0195*** (-0.77)	-0.2828*** (-2.97)	1.2153** (1.99)	-0.0272 (-1.08)	-0.3351*** (-3.62)	1.4698*** (2.51)
$lnUR^2$	—	0.0213*** (2.87)	-0.2977** (-2.32)	—	0.0251*** (3.45)	-0.3558*** (-2.91)
$lnUR^3$	—	—	0.0189*** (2.49)	—	—	0.0225*** (3.12)
lnIP	-0.1975*** (-5.75)	-0.1911*** (-5.56)	-0.2086*** (-5.94)	-0.1376*** (-4.07)	-0.1308*** (-3.87)	-0.1516*** (-4.40)
lnPOP	-0.1854** (-2.35)	-0.1713** (-2.17)	-0.1658 (-2.10)	0.1872*** (8.66)	0.3234*** (8.70)	0.3137*** (8.42)
lnGDP	-0.1854*** (-2.35)	0.2388*** (19.09)	0.2577 (17.61)	0.1872*** (20.01)	0.2131*** (17.77)	0.2345*** (16.98)
R^2	0.2341	0.2364	0.2381	0.2470	0.2508	0.2552

续表

变量	FE（固定效应模型）			RE（随机效应模型）		
	PU1	PU2	PU3	PU1	PU2	PU3
Sigma u	0.6925	0.6827	0.6739	0.4869	0.4835	0.4831
F - test/λ	99.20 ***	99.43 ***	98.53 ***	—	—	—

注：*** 、** 、* 分别表示 1%、5% 和 10% 的显著性水平；括号里数值为对应系数的 t 和 z 统计量值。

根据表 3.4 的 OLS 拟合结果，首先从 R^2 可以看出，三种模型的拟合结果均较差，其中含三次项的模型优于二次项与一次项的模型，进而随机效应模型略好于固定效应模型。因此，此时拟合效果最好的为随机效应的含三次项的模型，且所有的拟合系数在 5% 水平上显著。由拟合结果可知，PM2.5 浓度随城市化率提升而增高，即从目前的阶段来看，城市化水平的提高依旧是城市大气污染浓度升高、空气质量降低的主要原因。同样地，人口数量的增加以及经济水平的上升都会进一步提升城市空气中 PM2.5 浓度。

考虑到模型拟合过程中，变量间可能存在内生性，为了验证并解决这一问题，选择在一阶最小二乘法的基础上使用二阶最小二乘法。即，利用原模型的内生解释变量对工具变量进行 OLS，得到解释变量的拟合值；进而利用得到解释变量的拟合值对原模型进行最小二乘法，从而得到方程模型的估计值，这样就可以消除内生性的影响。对比两种估计方法可以看出，模型的 2SLS 与工具变量的回归系数完全相同，但是标准误并不相同。

④空间相关性检验。

为探索地级市水平 PM2.5 浓度的全局空间关系变化，运用 Geoda 建立空间权重矩阵，进而得出 2006～2016 年的全局 Moran's Ⅰ指数。计算结果表明，Moran's Ⅰ全为正数，即研究时期内我国的地级市水平 PM2.5 浓度呈显著正向空间自相关。各年 Moran's Ⅰ指数都大于 0.8，且蒙特卡洛检验基本在 0.01 水平上显著，表明地级市水平 PM2.5 浓度总体呈现出集聚分布，浓度值在相邻城市间存在较强的空间正相关性，即大气污染物具有较强的流动性和空间扩散效应，各地级市水平PM2.5浓度不仅受自身发展变化的影响，同时还受到周边地区的影响，一个地区污染物浓度的提升也会使得周边地区空气质量下降。因此必须明确排放量的高值集聚区和HL分布区，并进行重点控制，防止污染进一步扩散。利用GeoDa软件计算Moran's Ⅰ，结果见表3.5。其中，E(I)为数学期望值，Sd.为标准差，P-value为显著性水平。

表3.5　基于蒙特卡洛检验的全局Moran's Ⅰ估计值比较

年份	Moran's Ⅰ	E（I）	Sd.	P-value
2006	0.825	-0.0029	0.0345	0.001
2007	0.839	-0.0029	0.0343	0.001
2008	0.856	-0.0029	0.0345	0.001
2009	0.827	-0.0029	0.0343	0.001
2010	0.822	-0.0029	0.0343	0.001
2011	0.833	-0.0029	0.0338	0.001
2012	0.832	-0.0029	0.0343	0.001
2013	0.829	-0.0029	0.0341	0.001
2014	0.834	-0.0029	0.0343	0.001
2015	0.802	-0.0029	0.0341	0.001
2016	0.834	-0.0029	0.0339	0.001

为进一步揭示城市水平PM2.5浓度的局部空间相关性，为更为直观地显示PM2.5浓度的集聚特征，选择时间断点为2006年、2011年以及2016年绘制浓度值的莫兰散点图（见图3.8）。

由图3.8可以看出，PM2.5浓度的局部空间集聚特征明显，总体以HH集聚和LL集聚为主，并表现出一定程度的空间锁定。其中，HH集聚的省区市主要分布在中东部的河北、山东、江苏等地，LL集聚则主要分为三个部分，第一部分集中分布于西部的青海、西藏以及西南的贵州、云南等地，第二部分为东北的黑龙江与内蒙古部分城市，第三部分为福建及周边的部分城市。从图3.8中还可以看出，每个城市的集群数

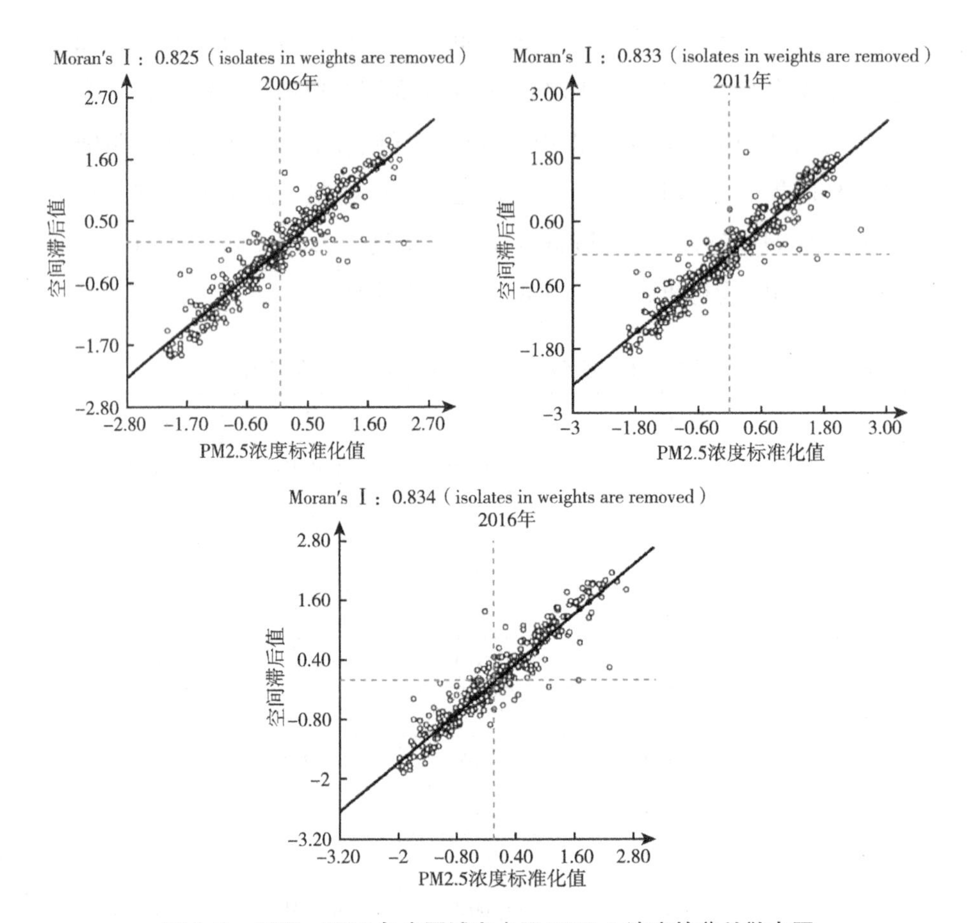

图 3.8　2005～2016 年中国城市水平 PM2.5 浓度的莫兰散点图

量和分布也显示出区域动态特征。例如，重庆及周边城市的 HH 集聚在 2016 年空气质量得到一定改善后消失，而福建及周围的 LL 集聚区出现进一步扩大。但中东部最大的 HH 集聚区随着时间的推移，出现了先减小而后又扩大的趋势，是需要重点关注的地区。总的来说，城市 PM2.5 浓度之间存在强烈的空间相关性，因此，当进行面板分析时，必须考虑空间因素。

城市 PM2.5 浓度之间存在显著的空间自相关性，为了减少由于忽略空间效应而产生的估计偏差，本书将使用空间计量方法进一步分析以城市化发展水平为主的 PM2.5 浓度的影响因素。空间面板数据估计分析前首先要判定哪种计量模型更合适，为此应该选择 LR 检验和 Wald

检验进行模型的判别及选择。根据 Wald 检验和 LR 检验的结果（两个零假设在 1% 显著性水平被拒绝），可以看出 SDM 模型比 SLM 模型和 SEM 模型更合适。似然比检验用于检测空间固定效应和时间段固定效应，结果表明，空间固定效应零假设被拒绝，但时间固定效应的原始假设被接受。因此，选择具有空间固定效应的面板数据模型作为最佳模型，估计结果见表 3.6。同时，考虑到数据可获取性和连续性，部分地级市数据统计口径发生变化或缺失，所以在进行计量回归时部分城市被删去。这就导致了在建立空间权重矩阵时，一些城市没有相邻地区，为了降低这种原因带来的误差，选择使用空间地理矩阵代替临界矩阵，并对矩阵进行标准化处理。

表 3.6　空间固定效应的 SDM 面板数据模型估计结果

变量	PU1		PU2		PU3	
	系数	z 值	系数	z 值	系数	z 值
lnUR	-0.0307*	-1.31	-0.1998**	-2.19	1.8274***	3.35
$lnUR^2$	—	—	0.0152**	2.18	-0.4111***	-3.57
$lnUR^3$	—	—	—	—	0.02514***	3.68
lnIP	-0.0508*	-1.37	0.0041	0.11	0.0333	0.93
lnGDP	0.0064	0.25	0.0215	0.85	0.0283	1.15
lnPOP	-0.1682**	-2.24	-0.0838*	-1.13	-0.0065	-0.09
W×lnUR	0.9595***	2.54	9.2289***	9.63	-92.2982***	-12.65
$W \times lnUR^2$	—	—	-0.7432**	-9.75	21.2208***	13.56
$W \times lnUR^3$	—	—	—	—	-1.3046***	-14.06
W×lnIP	-0.5030***	-2.67	-0.2866***	-1.47	3.0289***	10.02
W×lnGDP	-0.6446***	-8.14	-1.2439***	-12.00	-2.8997***	-18.74
W×lnPOP	10.5803***	9.29	11.1090***	9.85	9.8152***	8.99
ρ	0.26742***	5.66	0.2082***	4.39	0.1453***	3.14
sigma2_e	0.0222***	38.96	0.0215***	38.96	0.01998***	38.96
R^2	0.46		0.45		0.38	

注：***、**和*分别表示 1%、5%和 10%的显著性水平。

从 SDM 模型的估计结果来看，不同经济因素对 PM2.5 浓度的影响有很大差异。首先是城市化率，由模型 PU2 和模型 PU3 拟合结果，拟合效果好于普通面板模型，但只有城市化率的变量通过了显著性检验。模型 PU2、模型 PU3 的拟合结果表明，在目前的城市化阶段人口城市化率的增加会进一步降低 PM2.5 的浓度。这是因为城市人口的增加使得集聚效应凸显，通过提高公共交通分担率、资源使用效率，使得能源、资源利用效率最大化，人均能耗、资源等消耗降低，从而降低污染。但在后续的发展过程中，一旦突破了由负转正的拐点，将进入城市化率增加城市大气污染也随之增加的状态。因此，绿色城市化发展、新型城市化发展必须成为未来城市发展的主要模式和要求，避免发生在城市发展过程中出现城市空气质量不断降低的现象。因此，在城镇化的新阶段中，应当将中小城镇的建设规划与大中型城市的结构转型结合起来，对不同级别的城市的社会经济分工与生态环境责任进行科学分配，以调控区域城镇化进程的方式缓解污染物排放过于集中带来的压力。

目前，中国处于经济不断发展的进程，高能耗和高污染的发展模式仍然是目前城市发展的主旋律。中国大部分地区处于经济发展水平不断增加、环境污染加剧的阶段。但经济发展与城市化发展相似，在不同的发展阶段可能会产生不同的影响，因此改变发展主旋律，从高能耗和高污染的发展模式转变成高科技、低能耗、高附加值的经济发展模式才是降低城市降低污染水平的必经之路。

PM2.5 浓度增加的另一个重要来源是二次产业的不断发展，其解释系数为 0.016，意味着二次产业在国内生产总值中比例的提升将增加 PM2.5 浓度。第二产业的快速发展一般伴随着大量的化石能源消耗，根据中国信息产业部 2013 年的统计，中国近 70% 的能源消耗在第二产业，如电力工业、热能工业、钢铁工业等，都消耗了大量的能源物质。这些能源尤其是煤炭能源、石油能源的使用会产生较多的 PM2.5 排放。由于目前煤和石油是中国第二产业的主要能源，第二产业的发展必然导致更多化石能源的消耗，从而增加了 PM2.5 的排放。除了煤和石油等化石能源的消耗外，化工、非金属矿物冶炼也是 PM2.5 排放的重要来源。由于目前60%的PM2.5排放来自工业，因此，降低工业污染是改善空气质量最为有效的措施，而作为替代性产业，三次产业通过贸易手段转移污染与能耗成为发达地区的普遍选择。在目前经济快速发展的大背景下，地区的产业结构升级是一项长期而艰巨的任务，产业承接地在大量接受外来产业的同时，应对自身环境承载力做出合理预期，结合自身经济发展阶段实时淘汰落后产能，避免盲目引进项目对本地环境带来灾难性后果。而高污染、高能耗的地区，需要调整重化工业在产业结构中的主导地位，通过技术改进和经济补贴等手段提高能源使用效率，严格控制电力、热力及水泥等高污染行业的排放。其次是改进生产技术水平，实现清洁生产，推进工业企业技术升级，加大监管力度，鼓励使用高效率、低排放的新型设备，对使用清洁生产技术的企业给予经济补偿和政策优惠。

人口密度对污染的影响一般可以认为通过集聚和规模两种方向来影响（邵帅等，2019），集聚效应会使共享机制增加，对大气污染产生缓冲作用，相反地，规模效应则会使各个方向的需求不断攀升，从而增加污染的强度。因此，增加人口对大气污染的影响还需要进一步讨论，不能简单地直接判定其影响是积极或消极的。从模型估计的结果可以看出，人口的系数是负的，但是系数太小，可以忽略，即人口聚集倾向于降低PM2.5浓度，但在统计学上不够显著。实际上，在中国快速城市化进程中，人口的高速增长可能导致大城市大气污染的快速扩张，但在不同的发展阶段，人口增长与空气的影响程度有较大的差异。

此外，值得注意的是，当以人口城市化率为主解释变量时，模型中除了城市化率外的其他三个均未通过显著性检验，也即意味着，从城市化角度出发，探讨环境质量的演化特征和规律是一种值得实践验证和科学模拟的研究思路。

根据一些学者的研究结果（Xiang and Song，2015），我们可以看出一个地区的大气污染不仅取决于其自身的因素，也受到邻近地区的影响。因此，我们利用直接效应和间接效应的估计结果来区分解释变量的影响程度和空间溢出效应（见表3.7）。

表 3.7　　　　直接效应和间接效应的估计结果

模型	变量	直接效应	间接效应	总效应
PU2	lnUR	-0.1868139**	11.62823***	11.44142***
	$lnUR^2$	0.0141261**	-0.9365339***	-0.9224077***
	lnIP	0.007429	-0.3625178**	-0.3550888**
	lnGDP	0.0187238	-1.562332***	-1.543608***
	lnPOP	-0.0714265*	13.93754***	13.86612***
PU3	lnUR	-0.1868139**	11.62823***	11.44142***
	$lnUR^2$	0.0141261**	-0.9365339***	-0.9224077***
	lnIP	0.007429	-0.3625178**	-0.3550888**
	lnGDP	0.0187238	-1.562332***	-1.543608***
	lnPOP	-0.0714265*	13.93754***	13.86612***

注：***、** 和 * 分别表示 1%、5% 和 10% 的显著性水平。

从表 3.7 可以看出，首先从直接效应、间接效应和总效应，相对于直接效应，间接效应作用更为显著，且全部通过显著性检验，总效应也与间接效应拟合结果更为相似，所以对于大气污染，周边地区的影响更为显著，这些都要求我们必须重视大气环境控制过程中的区域合作。

对于直接影响的估计结果，人均 GDP 和产业结构两个变量没有通过显著性检验。首先，城市化率的系数分别为二次项系数 0.014 和一次项系数 -0.1868，在具有实际意义的取值范围内不存在拐点，表明研究时间段内本地区的城市化率的发展会降低大气污染。与此同时，本地区的人口密度不断的上升也是降低本地区大气污染的一个因素，但相对于城市化率的增加，人口密度的增加影响较小。在间接影响方面，所有的指标都通过了显著性检验，与直接效应相反，在目前的城市化水平阶段，地区城市化率的提高会增加周边地区大气中的 PM2.5 浓度，这个是由于目前中国城市发展模式引起的，中国城市“大吃小”的急速扩张模式使大城市的发展会对周边城市产生“虹吸”现象，汲取周边地区的资源能源，增加周边地区的环境压力和环境污染。而第二产业占比的增加和经济的发展都会降低周边地区的 PM2.5 浓度，这与高污染高能耗的二次产业转移相关，根据“污染避难所”假说的原理，国内其他地区的高污染、高能耗的产业为了生存和降低生产成本，会选择在经济发展相对落后的地区落户，即产业实现转移。这样的发展模式使被转移的城市在经济水平上升的同时也带来了巨大环境污染。因此要减排必须提高企业的环境准入门槛，加大对现有企业的监管力度，将环境保护放到与经济发展同样重要的位置，实现区域绿色发展。同时，类似于城市化率的上升，人口密度的上升也会增加周边地区的环境压力。

总的来说，近年来，频繁发生的雾霾天气对人类的生存和发展造成严重威胁，政策制定者必须认识到大气环境治理的复杂性和紧迫性。大气污染存在显著的空间效应，单一或少数城市的减排并不能达到空气质量转好的目的，必须考虑其周边地区所产生的影响，实现区域的联合防控和共同控制。

3.2.3　基于灯光数据的分析

为了探究人口城市化率和夜间灯光数据哪个更能相对准确地表达城市发展水平，本书选择将前面人口城市化率数据转变成夜间灯光数据，进一步进行空间面板模型分析。

（1）模型构建。

因为本书主要为了探究城市化率变化对污染的影响，所以选择构建以灯光数据（DN值）代表城市化发展水平为主要解释变量的模型，包括一次项、二次项和三次项三种模型：

$$PD1：\ln(PM2.5_{it}) = \alpha_0 + \alpha_1\ln(DN_{it}) + \alpha_2\ln(IP_{it}) + \alpha_3\ln(POP_{it}) + \alpha_4\ln(GDP_{it}) + \mu_{it} \tag{3.5}$$

$$PD2：\ln(PM2.5_{it}) = \alpha_0 + \alpha_1\ln(DN_{it}) + \alpha_2\ln(DN_{it})^2 + \alpha_3\ln(IP_{it}) + \alpha_4\ln(POP_{it}) + \alpha_5\ln(GDP_{it}) + \mu_{it} \tag{3.6}$$

$$PD3：\ln(PM2.5_{it}) = \alpha_0 + \alpha_1\ln(DN_{it}) + \alpha_2\ln(DN_{it})^2 + \alpha_3\ln(DN_{it})^3 + \alpha_4\ln(IP_{it}) + \alpha_5\ln(POP_{it}) + \alpha_6\ln(GDP_{it}) + \mu_{it} \tag{3.7}$$

（2）面板数据检验及结果分析。

首先对灯光数据进行平稳性检验和协整检验，平稳性检验结果为在水平上平稳，且通过显著性检验。协整检验表明，DN 值与 PM2.5 浓度之间存在协整关系。为了检测哪种模式最适合估计模型，本书先选择非空间的传统面板模型，然后再使用 LM - test 来检测空间单元之间是否存在空间相关性。非空间面板数据模型的估计结果列于表 3.8 中。

表 3.8　　传统面板数据模型估计结果

估计方法	FE（固定效应模型）			RE（随机效应模型）		
RModel	PU1	PU2	PU3	PU1	PU2	PU3
常数项	3.8220 *** (8.59)	3.3512 *** (7.51)	3.528 *** (7.88)	0.8353 *** (3.59)	0.9686 *** (0.68)	0.9511 ** (4.13)
lnDN	0.2922 *** (11.13)	0.3505 *** (12.82)	0.3342 *** (12.11)	0.2648 *** (13.93)	0.3989 *** (16.46)	0.3905 *** (16.07)
$lnDN^2$	—	-0.0807 *** (-6.98)	-0.1318 *** (-7.43)	—	-0.0745 *** (-8.75)	-0.1237 *** (-7.53)
$lnDN^3$	—	—	0.0223 *** (3.79)	—	—	0.0168 *** (3.50)
lnIP	-0.2298 *** (-6.81)	-0.2937 *** (-8.47)	-0.2699 *** (-7.68)	-0.1751 *** (-5.27)	-0.2404 *** (-7.14)	-0.2283 *** (-6.76)
lnGDP	0.1483 ** (14.85)	0.1706 *** (-2.35)	0.1669 *** (16.03)	0.1166 *** (13.80)	0.1260 *** (14.97)	0.1258 *** (14.98)
lnPOP	-0.2498 *** (-3.23)	-0.1368 *** (-1.74)	-0.1740 *** (-2.21)	0.2843 *** (8.53)	0.2959 *** (8.96)	0.2978 *** (9.04)
R^2	0.267	0.280	0.283	0.384	0.423	0.426
Sigma u	0.6521	0.6041	0.6177	0.4150	0..4126	0.4109
F - test/λ	81.28 ***	79.80 ***	79.23 ***	—	—	—

注：***、** 和 * 分别表示 1%、5% 和 10% 的显著性水平；括号里数值为对应系数的 t 和 z 统计量值。

前面分析的城市之间 PM2.5 浓度存在显著的空间自相关性，因此为了减少由于忽略空间效应而产生的估计偏差，本书将使用空间计量方法进一步分析 PM2.5 浓度的以城市化发展水平（以灯光数据代替人口城市化率来代表城市发展水平）为主的影响因素。根据 Hausman 的结果和普通面板模拟结果，本书应该选用随机效应模型来分析 PM2.5 浓度的驱动因素。空间面板数据估计分析前先要判定哪种计量模型更合适，为此应该选择 LR 检验和 Wald 检验进行模型的判别及选择。根据 Wald 检验和 LR 检验的结果（两个零假设在 1% 显著性水平被拒绝），可以看出 SDM 模型比 SLM 模型和 SEM 模型更合适。因此，选择随机效应的面板数据模型作为最佳模型，估计结果见表 3.9。

表 3.9　　随机效应的 SDM 面板数据模型估计结果

变量名	PD1		PD2		PD3	
	系数	z 值	系数	z 值	系数	z 值
常数项	4.8245 *	1.46	9.7409 ***	3.06	3.5295	1.05
lnDN	0.2800 ***	14.41	0.3816 ***	15.73	0.3609 ***	14.58
$lnDN^2$	—	—	-0.0522 ***	-5.93	-0.0839 ***	-5.16
$lnDN^3$	—	—	—	—	0.0126 ***	2.60
lnIP	-0.0896 ***	-2.37	-0.1796 ***	-4.72	-0.1360 ***	-3.57
lnGDP	-0.0789 ***	-3.18	-0.0526 **	-2.16	-0.0336 *	-1.38
lnPOP	0.2050 ***	5.63	0.2080 ***	5.85	0.2237 ***	5.85
W × lnDN	-0.0337 ***	-0.41	-1.9845 ***	-8.43	-2.1813 ***	-9.35
W × $lnDN^2$	—	—	1.0703 ***	8.82	2.4106 ***	10.91
W × $lnDN^3$	—	—	—	—	-0.4051 ***	-7.21
W × lnIP	0.1346 ***	-2.67	0.4781 ***	4.67	0.7230 ***	6.60
W × lnGDP	0.2292 ***	1.34	0.2032 ***	4.54	0.1322 ***	2.85
W × lnPOP	10.5803 ***	4.90	-2.0872 ***	-3.31	-1.3224 ***	-2.03
ρ	0.1383 ***	2.69	0.2733	5.30	0.3650 ***	7.06
sigma2_e	0.0258 ***	36.15	0.0245 ***	36.20	0.0235 ***	36.14
R^2	0.46		0.551		0.439	

注：***、** 和 * 分别表示 1%、5% 和 10% 的显著性水平。

总的来看，空间效应的影响依旧显著。从 R^2 来看，灯光数据代表城市化发展水平的模型，拟合结果更好，且基本所有的变量均通过了显著性检验。模型 PD2 的拐点对应的灯光数据 DN 值为 38. 667，意味着当城市发展水平超过 38. 667 时，城市发展对空气质量的影响会由好转劣。模型 PD3 的拟合结果显示不存在拐点，也就意味着城市化发展过程中，随着城市化水平的提升城市大气的 PM2. 5 浓度不断提升。考虑到实际情况，当前，中国处于工业化和城市化不断发展完善的过程，且高能耗和高污染的发展模式仍然是城市发展的主旋律。中国大部分地区处于城市化面积不断扩大，城市人口增加，城市化水平不断提升阶段。因此，中国的大部分地区还处于随着城市化水平的不断提升环境污染加剧的阶段。因为此时城市不断发展将产生更多的资源消耗和废物排放，对环境造成巨大压力，而城市化的集聚效应还没有进一步发挥效用，城市空气环境进一步恶化。

模型 PD2 和模型 PD3 的直接效应和间接效应拟合结果如表 3. 10 所示，由表 3. 10 可以看出，总的来看，总效应更多被间接效应结果影响，直接效应相对较弱。这说明与 PU 系列模型类似，一个城市的各个变量特别是城市发展水平对周边其他地区的影响在某种程度上大于对自己本身的影响。其中较为显著的且通过了显著性检验的为人口密度指标，模型 PD2 和模型 PD3 均显示人口密度的增长会增加本地区的 PM2. 5 浓度但同时会降低周边地区的污染浓度，这与 PU 系列模型的拟合结果出现偏差。

表 3. 10　　直接效益和间接效应的估计结果

模型	变量	直接效应	间接效应	总效应
PD2	lnUR	0. 3374 ***	-1. 7211	-1. 3837
	$lnUR^2$	-0. 0315 ***	0. 7627	0. 7311
	lnIP	-0. 1269 ***	1. 9388 ***	1. 8119 ***
	lnGDP	-0. 1041 ***	0. 7566 ***	0. 6524 ***
	lnPOP	0. 1504 ***	-2. 8494 ***	-2. 6441 ***
PD3	lnUR	-0. 3571 ***	-3. 2733 ***	-2. 91621 ***
	$lnUR^2$	-0. 0791 ***	3. 8101 ***	3. 7318 ***
	$lnUR^3$	0. 0120 ***	-0. 6423 ***	-0. 63032 ***
	lnIP	-0. 1342 ***	1. 0701 **	0. 9359 ***

续表

模型	变量	直接效应	间接效应	总效应
PD3	lnGDP	-0.0337	0.18709 ***	0.1533 ***
	lnPOP	0.2226 ***	-1.9426 ***	-1.7200 ***

注：*** 、** 和 * 分别表示 1% 、5% 和 10% 的显著性水平。

3.3 模拟结果综合比较

3.3.1 从拟合拐点对比

根据前面分析，现将以人口城市化率和以灯光数据为代表的城市发展水平的两种拟合结果进行对比。先将 PU 和 PD 两种模型包含二次项与三次项的拟合结果绘制示意图（见图 3.9）。

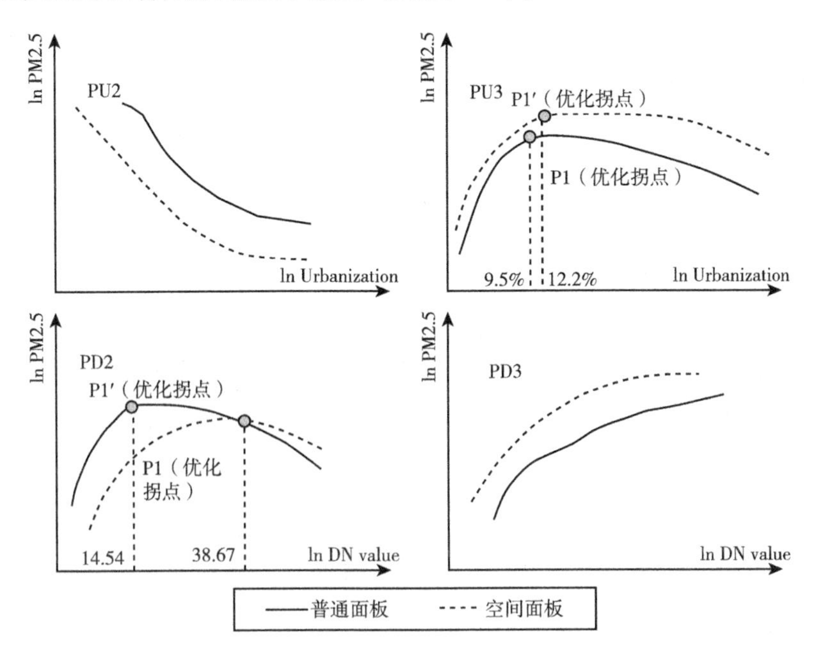

图 3.9 2006～2016 年城市化与大气污染的模型拟合结果示意图

①从图 3.9 可以看出，在以城市化发展水平为主要影响因素的模型中，模型 PU2 与模型 PU3 在人口城市化率低于 10% 左右时出现差异，但在此之外均属于随城市化率增加、PM2.5 浓度不断降低的状态。模型 PD2 与模型 PD3 在城市化水平也就是 DN 值低于 15，PM2.5 浓度随城市化水平的增高而不断升高。但由于 DN 值相对于人口城市化率来说，城市间的差异较大，在 DN 值大于 15 的情况下，城市化水平已经相对较高，仅有几个一线城市和准一线城市的 DN 值会大于 30。

②PU 系列模型与 PD 系列模型存在较大的差异。特别是模型 PU2 与模型 PD3，出现了几乎相反的结果。模型 PU2 显示，在研究时段内不存在拐点，且随着人口城市化率的增加，PM2.5 浓度不断降低。相反地，模型 PD3 显示，随着城市化水平不断升高，PM2.5 浓度不断升高。

③模型 PU3 与模型 PD2 的拟合结果有了一定的相似性，出现了经典的倒“U”形曲线规律，均是呈现先随着城市化的升高而升高，经过一个拐点后进而随着城市化的升高而降低。虽然模型 PU3 是包含三次项的模型，应该存在两个拐点，但经过计算，另一个拐点超出了人口城市化率的最大值 100%，因此可以认为在合理的范围内，模型 PU3 的拟合结果仅有一个拐点，也就是如图 3.9 所示的优化拐点。模型 PU3 为含二次项的模型，其只包含一个拟合拐点。两个模型的拟合结果也存在一点差异，模型 PU2 的拐点出现在人口城市化率相对较低的情况下，而模型 PD2 的拐点则出现在城市化水平相对较高的水平下，特别是模型 PD2 的空间面板拟合结果，可以看出需要城市化水平在一个相对较高的状态下才会出现由恶化向优化的方向转变。

④相比普通面板检验，空间计量面板考虑城市间相互作用因素后，坏转好的改善拐点滞后，说明城市间大气污染物的扩散加速了空气质量的恶化，相应地，又在一定程度上延缓了空气质量的改善。这也进一步说明单一城市的空气质量改善难度极大，并有可能受外在城市干扰影响最终空气质量结果。未来的空气环境质量改善，将是一个区域性共同攻克和努力的结果。

3.3.2 从拟合效果对比

综合PU和PD两种模型，从R^2来看，模型PD的拟合结果更好，且模型PD所有变量的拟合系数均通过了显著性检验。在模型PU中，虽然以城市化率为主的变量包括一次项、二次项、三次项均通过了显著性检验，但除此之外的人均GDP、工业结构和人口密度均通过显著性检验，这使拟合结果受到质疑。因此，首先我们认为相对人口城市化率，在本书的研究中使用夜间灯光数据的DN值来代表城市发展水平更能解释城市发展对大气环境质量影响的程度。

从模型PD本身来看，仅含二次项的模型PD2出现拐点，而同时含二次项与三次项的模型未出现拐点。这说明如果增大城市发展水平在模型的影响比例，那么极有可能随着城市面积的扩大、城市的不断繁荣，城市的空气质量会不断恶化。但如果降低城市发展的影响比例，在工业结构不断调整，人均GDP增加，人口密度的降低，城市发展模型呈现健康、绿色发展时，城市的发展才能形成集聚效应，降低能源消耗和污染的产生，才能提升城市的空气质量。

第4章　不同城市化水平下PM2.5污染导致的健康及经济损失差异

4.1　基于暴露响应函数的健康风险评估

4.1.1　基于暴露响应函数的健康终端影响评估

单位门诊服务或住院费用来自2007～2017年的《中国卫生和计划生育统计年鉴》，其他包括死亡率、人均可支配收入等在内的其他经济指标来自《城市统计年纪》及各省区市统计年鉴。

为了解PM2.5污染带来的城市健康问题，选择2016年作为截面数据，计算健康风险变化。将PM2.5浓度数据和人口数据代入暴露响应函数中，计算出338个城市由PM2.5污染而导致的包括早逝、住院及患病等健康终端的变化。估算结果显示，PM2.5污染导致的过早死亡、呼吸系统疾病和心血管疾病分别为0.901万人、806万人和47.6万人。慢性支气管炎、急性支气管炎、哮喘患者分别为133万人、138万人、315万人。选择排名前30位的城市绘制成柱状图。同时，为判定PM2.5影响的相对程度，计算由PM2.5造成的早逝占城市总死亡人数比例并绘制成折线图（见图4.1）。

由图4.1可以看出，首先从整体数量上来看，由PM2.5污染导致的慢性支气管炎及哮喘的数量最多，其次为早逝及因为呼吸系统疾病和心血管疾病住院的人数，急性支气管发病的人数相对较少。从PM2.5造成的早逝占城市总死亡人数比例来看，全国城市的平均水平为6%，说明由污染所导致的健康问题相对于其他因素所占比例较大，前30位

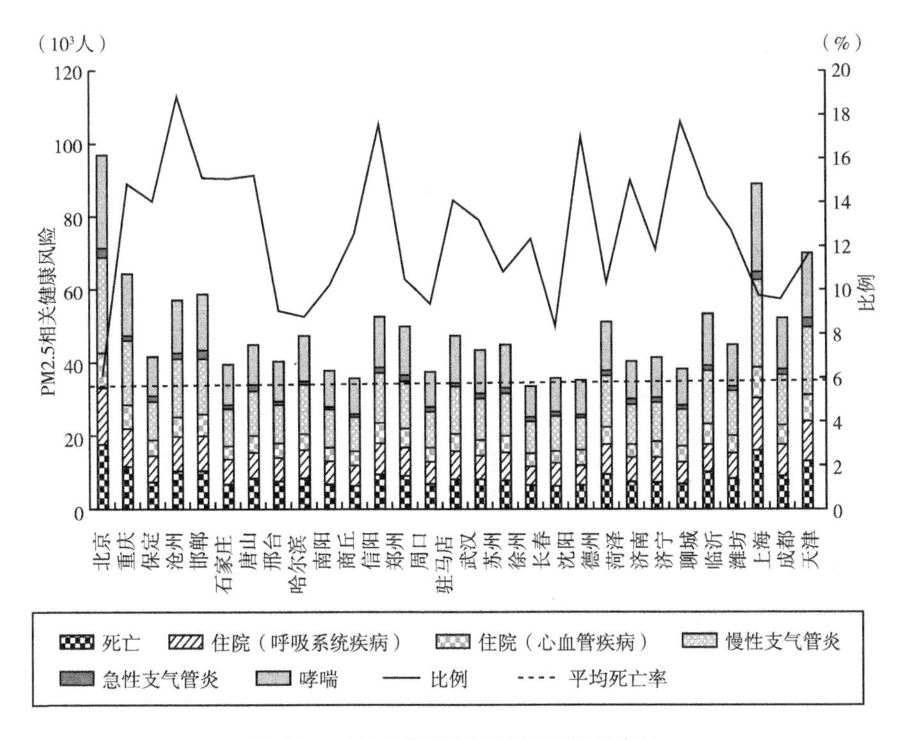

图 4.1　前 30 位城市不同健康终端变化

的城市的比例高于全国平均水平。从发生地区来看，除了住院及早逝人数变化相对较小外，其他健康终端在地区间的差异较为显著，且表现出显著的一致性变化。由 PM2.5 污染导致的患病或门诊问询数量的增加主要发生在京津冀及其周边包括河南和山东部分城市、成渝城市群（特别是重庆和成都两地）以及长三角人口密集地区，甚至部分省会城市类似武汉、济南、南京等城市也是健康终端变化较为显著的地区，具体排名前五位的城市为北京、重庆、上海、天津、保定。而由 PM2.5 造成的早逝占城市总死亡人数比例的排名又有一定的差异，主要为 PM2.5 浓度高的地区。由此可以看出，人口密集分布及 PM2.5 浓度变化共同作用于健康终端的变化。虽然两者共同作用，但相对来说，污染物变化产生的影响更为显著，如东南沿海城市及珠江三角洲地区虽然也是人口分布较为密集的区域，但由于污染浓度较低，产生的健康终端变化并不十分显著，相对于其他因素其影响水平也相对较小。

4.1.2 健康风险随时间变化特征

为了进一步了解由 PM2.5 污染导致健康风险随时间变化的过程，计算出 2006～2016 年 338 个城市的总人次（所有健康终端变化人次之和），绘制健康风险随时间变化的箱状图（见图 4.2）。

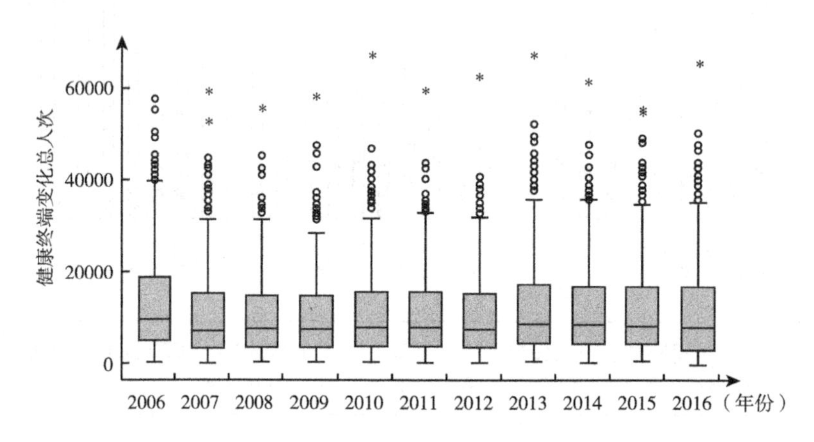

图 4.2 健康风险随时间变化箱状图

注：箱状图星形标记为异常值，圆形标记为离群值。

由图 4.2 可以看出，2006～2016 年，整体来看，在 2006 年出现峰值，随后保持相对稳定，仅在 2013 年有小幅上升。同时，高值区的异常值较多，说明在上 1/4 位的高值区城市间健康风险差异较大，如 4.1.1 小节部分所述，健康风险排前几位的城市占据了大部分的死亡率和发病率。且上四分位波动较大，特别是最大值，分别在 2010 年和 2013 年有一个显著的增加。相反，下四分位的低值部分变化较小，特别是最低值几乎保持不变。这说明位于高值区的城市更容易受到空气质量、人口密度等变化的影响，但在 2013 年大规模爆发的雾霾污染后，空气质量问题受到更多的关注，政府也开始不断出台各项政策进行污染物减排、环境治理等，使 2013 年后空气质量有所提升，虽然大城市的人口密度依然在不断上升，但健康损失却有小幅降低。

4.2　城市化与健康风险的关系

4.2.1　城市化与健康风险相关关系判定

为探寻不同城市化水平下的大气污染导致的健康问题与经济损失差异情况，本书结合方创琳等对中国城市化发展阶段的划分（方创琳，2014），将人口城市化率划分为不等距的五个阶段，分别绘制健康风险的箱状图，并对不同阶段的平均值进行对应的城市化率关系拟合（见图4.3）。

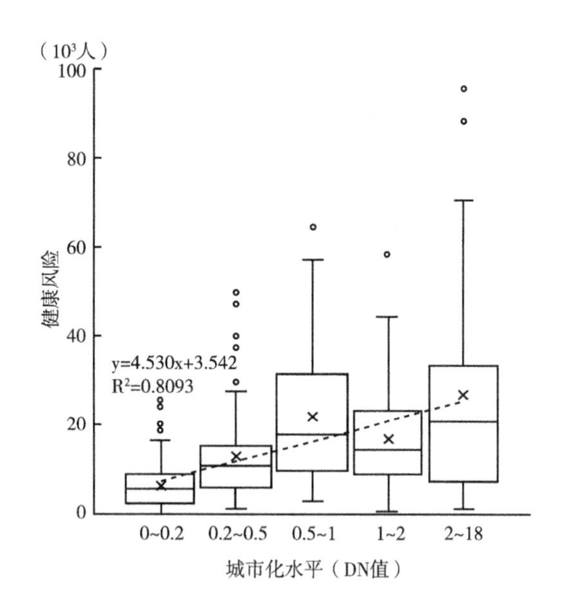

图4.3　城市化发展水平与污染导致的健康风险的相关关系

注：箱状图圆形标记为离群值。

整体来看，人口城市化率的提高对大气污染导致的健康问题和相应的经济损失都有较大的影响，且这一影响相对污染浓度本身更为显著。由健康损失相关关系图可以看出，随着城市化水平的增加，各阶段的极小值变化不大，但极大值变化较为显著，同时平均值随城市化水平的提升而增大。在城市化水平较高的阶段，城市间的健康损失差异较大，说明在城市化水平较高的城市中，由于产业结构、污染政策、地理环境等的差异，使污染所产生的健康差异显著。当然，其中地理环境的影响最为显著，沿海地区由于具有较好的污染扩散优势，使一些大城市如厦门市、中山市和珠海市其空气质量较好，相应的健康损失也较小。但也有由于产业结构较为合理、污染准入门槛较高、环境治理力度较大等原因而使城市化率较大但环境质量相对较好，这些城市必须成为其他城市在城市化过程中的学习典范。

4.2.2 变量的描述性统计及模型建立

为了分析中国地级市水平下城市化与 PM2.5 相关健康风险之间的关联，本书选择使用 Stirpat 模型，考虑到前面关于 PM2.5 浓度与人口城市化率和夜间灯数据的拟合对比，选择以灯光数据的 DN 值来代表城市发展水平，同样以城市化发展水平为主要解释变量，建立模型如下：

$$\text{HD1：} \ln(HR_{it}) = \alpha_0 + \alpha_1\ln(DN_{it}) + \alpha_2\ln(IP_{it}) + \alpha_3\ln(GDP_{it}) + \alpha_4\ln(POP_{it}) + \mu_{it} \tag{4.1}$$

$$\text{HD2：} \ln(HR_{it}) = \alpha_0 + \alpha_1\ln(DN_{it}) + \alpha_2\ln(DN_{it})^2 + \alpha_3\ln(IP_{it}) + \alpha_4\ln(GDP_{it}) + \alpha_5\ln(POP_{it}) + \mu_{it} \tag{4.2}$$

$$\text{HD3：} \ln(HR_{it}) = \alpha_0 + \alpha_1\ln(DN_{it}) + \alpha_2\ln(DN_{it})^2 + \alpha_3\ln(DN_{it})^3 + \alpha_4\ln(IP_{it}) + \alpha_5\ln(GDP_{it}) + \alpha_6\ln(POP_{it}) + \mu_{it} \tag{4.3}$$

其中，i 表示地区，t 表示时间，μ_{it}为误差项。HR 表示因 PM2.5 污染而导致的死亡人数和发病人数总和，即 PM2.5 污染导致的健康风险总和；DN 是城市化发展水平（用夜间灯光数据的 DN 值来表示）；IP 代表产业结构（表示为第二产业产值占 GDP 的百分比）；GDP 代表人均 GDP；POP 表示人口密度。

4.2.3　空间计量面板模型回归检验

在进行模型拟合前，同样要对数据进行平稳性检验、协整检验以及霍斯曼检验。

平稳性检验的结果表明，Levin – Lin – Chu 检验显示，所有的变量都在水平上平稳，且在 1% 水平上显著。但 Im – Pesaran – Shin 检验中有些变量存在单位根，选择将所有变量进行一阶差分，再一次进行单位根检验，此时所有变量都平稳了，且在 1% 水平上显著。其他相关影响变量都在前面进行了平稳性检验，此处就不再赘述。

Pedroni 协整检验，选择使用 Gt Statistic、Ga Statistic、Pt Statistic、Pa Statistic 四种检验方式。检验结果显示，每一个解释变量与健康终端变化之间在 1% 的显著水平上都存在协整关系（见表 4.1）。

表 4.1　面板数据的协整检验结果

变量	lnDN	$(\ln DN)^2$	$(\ln DN)^3$	lnIP	lnPOP	lnGDP
Gt Statistic	-1.627***	-1.228***	-1.075**	-1.980***	-2.445***	-1.390***
Ga Statistic	-2.447	-1.303	-1.020	-3.103	-5.489***	-1.593
Pt Statistic	-27.286***	-17.979***	-17.244***	-34.436***	-40.037***	-27.499***
Pa Statistic	-2.262***	-0.859	-0.546	-2.460***	-6.090***	-1.830***

注：***、** 和 * 分别表示 1%、5% 和 10% 的显著性水平。

为了检测哪种模式最适合估计模型，本书选择非空间面板模型进行拟合，非空间面板数据模型的估计结果列于表 4.2 中。

表 4.2　传统面板数据模型估计结果

估计方法	FE（固定效应模型）			RE（随机效应模型）		
RModel	HD1	HD2	HD3	HD1	HD2	HD3
常数项	5.5421*** (8.32)	5.3396*** (7.93)	5.4471*** (8.05)	1.4255*** (5.16)	1.5732*** (5.67)	1.5659*** (5.65)
RModel	HD1	HD2	HD3	HD1	HD2	HD3

续表

估计方法	FE（固定效应模型）			RE（随机效应模型）		
lnDN	0.2725*** (6.94)	0.2976*** (7.22)	0.2878*** (6.90)	0.2637*** (12.16)	0.3666*** (11.33)	0.3671*** (11.35)
$lnDN^2$	—	-0.0347** (-1.99)	-0.0657*** (-2.45)	—	-0.0457*** (-4.27)	-0.0639*** (-2.83)
$lnDN^3$	—	—	0.0135* (1.52)	—	—	0.0057 (0.92)
lnIP	-0.2437*** (-4.83)	-0.2711*** (-5.18)	-0.2568*** (-4.83)	-0.1297*** (-2.75)	-0.1717*** (-3.57)	-0.1681*** (-3.48)
lnGDP	0.0483*** (3.23)	0.0578*** (3.69)	0.0557*** (3.54)	-0.0045*** (-0.38)	-0.0017*** (-0.15)	-0.0018*** (-0.16)
lnPOP	0.5717*** (4.93)	0.6203*** (5.24)	0.5977*** (5.01)	1.2913*** (38.32)	1.2887*** (38.47)	1.2901*** (38.53)
R^2	0.7523	0.8155	0.7926	0.8523	0.8582	0.8584
Sigma u	0.7009	0.6762	0.6901	0.3932	0.3913	0.3906
F-test/λ	32.06***	31.28***	31.09***	—	—	—

注：***、**和*分别表示1%、5%和10%的显著性水平；括号里数值为对应系数的 t 和 z 统计量值。

由表4.2的普通面板拟合结果 R^2 可以看出，随机效应模型略好于固定效应模型，三种模型的拟合效果差异不大。但从变量的显著性来看，仅含二次项的模型优于含三次项的模型，因为在随机效率的基础上，三次项的城市化水平 DN 值没有通过显著性检验。由模型 HD2 的拟合结果可以看出，从目前的阶段来看，城市化水平的提高依旧是城市空气质量降低、健康风险增大的主要原因。当 DN 值超过 54 后，会发生由恶化向优化的转变，同样地，人口密度的增加会进一步增加城市空气中 PM2.5 污染带来的健康风险，因为人口密度的增加会增加暴露在污染中人的数量，从而增加发病人数。从结果来看，仅有工业结构水平和人均 GDP 的提升会降低健康风险。

为探索地级市水平健康风险的全局空间关系变化，运用 Geoda 建立空间权重矩阵，进而得出2006~2016年的全局Moran's Ⅰ指数。计算结果表明，Moran's Ⅰ全为正数，均大于0.4，且蒙特卡洛检验基本在0.01水平上显著，即研究时期内我国的地级市水平PM2.5导致的健康风险呈显著正向空间自相关。利用GeoDa软件计算Moran's Ⅰ，结果见表4.3，E（I）为数学期望值，Sd.为标准差，P-value为显著性水平。

表4.3 基于蒙特卡洛检验的全局Moran's I估计值比较

年份	Moran's Ⅰ	E（I）	Sd.	P-value
2006	0.405	-0.0038	0.0398	0.001
2007	0.458	-0.0038	0.0394	0.001
2008	0.458	-0.0038	0.0396	0.001
2009	0.404	-0.0038	0.0400	0.001
2010	0.403	-0.0038	0.0399	0.001
2011	0.406	-0.0038	0.0395	0.001
2012	0.407	-0.0038	0.0398	0.001
2013	0.400	-0.0038	0.0398	0.001
2014	0.417	-0.0038	0.0396	0.001
2015	0.406	-0.0038	0.0398	0.001
2016	0.404	-0.0049	0.0402	0.001

为进一步揭示城市水平健康风险的局部空间相关性，更为直观地显示集聚特征，同样选择三个时间断点2006年、2010年、2016年绘制健康终端变化总人次的莫兰散点图（见图4.4）。

由图4.4可以看出，PM2.5污染导致的健康终端变化在空间上呈现出显著的局部空间集聚特征，总体以HH集聚和LL集聚为主，其他在两个集聚区中间分布着少量的HL和LH类型的城市。其中，HH集聚区主要分布在中东部的河北、山东等地区，2006~2010年，这个集聚区保持稳定，但在2016年集聚区表现出收缩的趋势，一些城市的类型从HH变成了HL，甚至变成了不显著，说明经过不断的污染管控和治

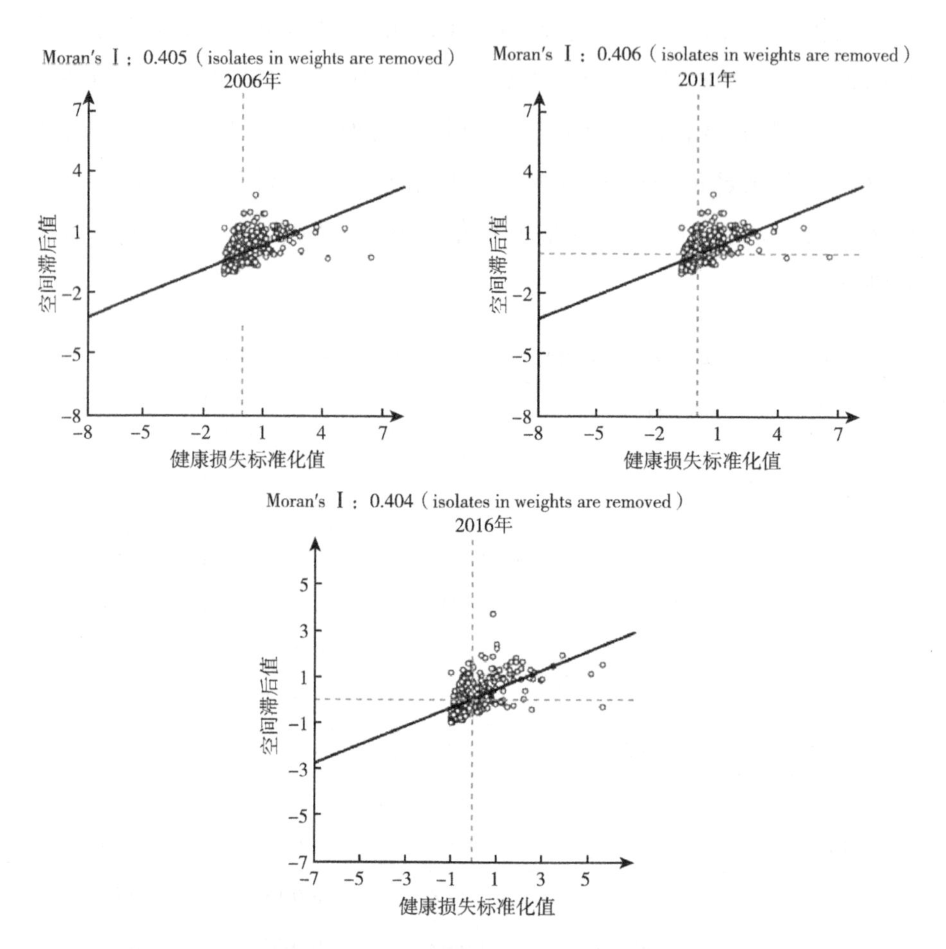

图 4.4　2006～2016 年中国城市水平健康风险的莫兰散点图

理，2016 年大气污染重点区域面积在缩小。LL 区主要分布在两个部分，第一部分为西部的青海、西藏以及西南的贵州、云南等地，第二部分为东北的黑龙江与内蒙古部分城市。但随着时间的推移，到了 2016 年，LL 区集聚涵盖的城市也在减少，第二部分东北的黑龙江与内蒙古部分城市由 LL 集聚转变为不显著区。总的来说，2006～2010 年，健康终端变化在空间上的局部空间集聚特征变化较小，但 2010～2016 年变化较为显著，具体表现为集聚效应的降低，集聚区包含的城市数量降低，但城市间的健康风险仍旧表现出强烈的空间正相关性，因此，在进行面板数据拟合分析时，必须考虑空间因素带来的影响。

为了减少由于忽略空间效应而产生的估计偏差，本书将使用空间计量方法进一步分析由 PM2.5 污染导致的健康风险的主要影响因素。根据 Wald 检验和 LR 检验的结果（两个零假设在 1% 显著性水平被拒绝），可以看出 SDM 模型比 SLM 模型和 SEM 模型更合适。同时，根据霍斯曼检验，随机效应模型被接受，因此选择随机效应的 SDM 面板数据模型作为最佳模型（其中，空间矩阵选用了空间地理矩阵，并进行了标准化处理），估计结果见表 4.4。

表 4.4　随机效应的 SDM 面板数据模型估计结果

变量名	HD1		HD2		HD3	
	系数	z 值	系数	z 值	系数	z 值
常数项	14.1809***	4.81	15.6626***	5.35	12.0573	3.72
lnDN	0.2687***	12.88	0.3412***	11.59	0.3380***	11.32
$lnDN^2$	—	—	-0.0332***	-3.23	-0.0366***	-1.75
$lnDN^3$	—	—	—	—	0.0019***	0.33
lnIP	-0.0886***	-1.87	-0.1366***	-2.79	-0.1183***	-2.39
lnGDP	-0.1255***	-4.21	-0.1051***	-3.50	-0.0955***	-3.13
lnPOP	1.1878***	34.24	1.1870***	34.79	1.1958***	33.42
W × lnDN	-0.2763***	-2.69	-0.6715***	-2.07	-0.7791***	-2.40
W × $lnDN^2$	—	—	0.2097***	1.26	0.9291***	3.16
W × $lnDN^3$	—	—	—	—	-0.2192***	-3.01
W × lnIP	0.4626***	-2.67	0.5677***	4.46	0.7005***	5.13
W × lnGDP	0.2704***	3.81	0.2631***	5.68	0.2348***	4.87
W × lnPOP	-3.7305***	5.75	-4.0826***	-7.05	-3.6425***	-5.93
ρ	0.7372***	2.69	0.7501	27.57	0.7706***	27.87
sigma2_e	0.0450***	36.15	0.0449***	36.78	0.0443***	36.42
R^2	0.8883		0.8926		0.8831	

注：***、** 和 * 分别表示 1%、5% 和 10% 的显著性水平。

由 SDM 模型的拟合结果可以看出，健康终端变化与城市发展水平的拟合优度远高于 PM2.5 污染与城市发展水平，且所有变量均在 1% 水平上显著。HD1、HD2、HD3 三个模型的拟合结果均表明，城市发展水平的提升会增加城市居民健康风险，增加由 PM2.5 污染造成的死亡率和发病率。且在具有现实意义的取值范围内，模型 HD2 和模型 HD3 的拟合结果没有拐点的产生，也就是说，在目前可预见的发展过程中，城市的发展水平提升并不会出现由恶化到优化的转变，说明相对于 PM2.5 污染的影响，城市化发展水平对健康风险的影响更加显著。且相对于其他变量，人口密度的影响更为显著，不仅仅是高污染会带来健康损失，高暴露同样会带来更多的死亡率和发病率。

进一步分析各解释变量的影响程度和空间溢出效应，给出模型 PD2 的直接效应和间接效应拟合结果（见表 4.5）。

表 4.5　直接效应和间接效应的拟合结果

变量	Direct	Indirect	Total
lnDN	0.3374***	-1.7211	-1.3837
$lnDN^2$	-0.0315***	0.7627	0.7311
lnIP	-0.1269***	1.9388***	1.8119***
lnGDP	-0.1041***	0.7566***	0.6524***
lnPOP	1.1504***	-13.0945***	-11.9441***

注：***、** 和 * 分别表示 1%、5% 和 10% 的显著性水平。

直接效应的所有变量均通过了显著性检验，间接效应中城市化发展水平指标 DN 值没有通过显著性检验。从城市发展水平来看，在具有现实意义的取值范围内，城市化的提升会增加本地居民的健康风险，说明在目前的城市发展过程中，城市面积的扩大、城市经济的发展等会造成更多的污染排放和使更多人暴露于污染环境中，因而增加健康风险。但同时降低周边其他地区居民的健康风险，这可能是地区产业集聚与人口密集增加，形成了“虹吸”效应，会降低周边地区的产业发展和人口密度，因此产生较少的污染，同时减少暴露人口，使当地居民因为 PM2.5 污染而产生的死亡率和发病率降低。而产业结构的调整和经济的发展会降低本地区健康终端变化的人次，但显著增加周边地区的死亡率和发病率，这种现象应该是源于目前城市产业布局的影响，许多城市在发展过程中选择将能源消耗大、污染较大的二次产业布局到城市人口密度小且低价便宜的远离城市的郊区地区，由于污染的空间溢出效应，向周边地区输出大量污染物，影响周边地区的空气质量，增加健康风险。

4.3　稳健性检验

为了进一步验证城市化与健康风险的关系选择将全国338个城市划分成不同类型，并将分析时间调整为2008~2018年，进而分析不同类型的城市下，城市化与健康风险的关系是否具有一般规律。

4.3.1　城市类型划分及分布情况

通过K-Means聚类分析方法，根据城市主导行业、经济水平、人口总量等评判标准将全国338个地级及以上城市划分为工业型城市、资源型城市、中心型城市及其他类型城市，分类结果见表4.6。

表4.6　城市类型划分结果

城市类型	城市名称	总计
工业型代表城市	马鞍山市、铜陵市、百色市、保定市、沧州市、承德市、衡水市、廊坊市、邢台市、焦作市、黄石市、湘潭市、株洲市、徐州市、长春市、辽源市、鞍山市、辽阳市、包头市、鄂尔多斯市、石嘴山市、铜川市、潍坊市、攀枝花市、遂宁市、雅安市	107
资源型代表城市	淮北市、淮南市、六盘水市、邯郸市、唐山市、大庆市、鹤岗市、鸡西市、平顶山市、濮阳市、三门峡市、松原市、盘锦市、延安市、榆林市、济宁市、长治市、大同市、晋城市、晋中市、临汾市、吕梁市、阳泉市、克拉玛依市、曲靖市	32
中心型代表城市	合肥市、北京市、重庆市、福州市、厦门市、广州市、南宁市、贵阳市、郑州市、武汉市、长沙市、常州市、南京市、苏州市、无锡市、大连市、银川市、西宁市、西安市、济南市、青岛市、上海市、太原市、成都市、天津市、杭州市、宁波市、	48
其他类型城市	余下城市	151

由表4.6可以看出，其他类型城市数量最多（151个），工业型城市数量次之（107个），再次是中心型城市（48个），资源型城市最少

（32 个）。其中，工业型城市分布较为分散，几乎所有的省级行政区都有一定数额的工业城市，这与产业的区位分布规划密切相关。资源型城市主要分布在河北、山西、山东、河南等有着丰富资源优势的地区。受“资源诅咒”的影响，资源型城市发展会带来诸如生态环境加速恶化、经济动力持续衰退等问题（余建辉等，2018）。对于中心型城市，除了各省会外，主要分布在山东、江苏、浙江、福建、广东等东南部沿海发达地区。相对工业型城市，中心城市不仅经济发展迅速，经济发展模式、产业结构等更为合理有序，较好地突破了以环境为代价的发展模式，做到了提高绿色发展效率，提升资源利用效率，减轻污染排放（华坚等，2021）。但是，中心型城市由于居住人口更为密集，一旦出现突发性或持续性环境恶化问题则会导致更为严峻的居民健康受损。由此，对不同类型城市的发展模式、产业结构、发展水平等分析，有助于后续探究不同类型城市对大气环境及公共健康带来的不同影响。

4.3.2 不同类型城市的总健康风险对比

为分析不同类型城市间健康风险的差异状况，选择以 2008 年（起始年）、2013 年（转折年）以及 2018 年（结尾年）为时间截面绘制箱型散点图（见图 4.5）。

从不同类型城市的健康风险来看，中心型城市最大，其次是工业型城市和资源型城市，其他类型城市最小。工业型、资源型与其他类型城市的城市间差异较大，较多城市的健康风险处于低值区，健康风险越高相同区间内包含的城市越少。中心型城市分布相对均匀，较多城市分布在上下两个四分位之间，低值区和高值区包含的城市数量相对较少。从变化趋势来看，相对于 2008 年，2013 年总体呈上升趋势，其中工业型和中心型两类城市的健康风险都有明显上升，资源型城市出现小幅度上升，其他类型城市变化不明显；对比 2013 年和 2018 年，四类城市表现出一致的下降趋势，且各类型城市高值区城市的健康风险下降最为明

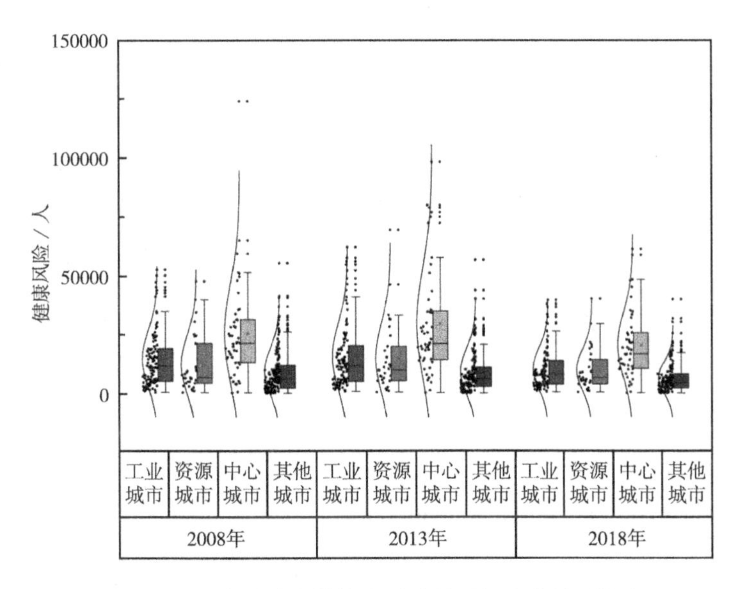

图 4.5　不同类型城市的健康风险随时间变化箱型散点图（2008 年、2013 年及 2018 年）

显。这表明经过近年来的环境监控与治理政策，污染改善过程中带来健康效益在各类城市中均有所体现。

4.3.3　计量面板模型回归检验

这里为了分析城市化与 PM2.5 相关健康风险之间的关联，以城市化率为主要解释变量，分别建立包含城市化率一次项、二次项、三次项的模型如下：

$$\text{HU1}: \ln(HR_{it}) = \alpha_0 + \alpha_1\ln(UR_{it}) + \alpha_2\ln(GDP_{it}) + \alpha_3\ln(POP_{it}) + \alpha_4\ln(IP_{it}) + \alpha_5\ln(HB_{it}) + \mu_{it} \quad (4.4)$$

$$\text{HU2}: \ln(HR_{it}) = \alpha_0 + \alpha_1\ln(UR_{it}) + \alpha_2\ln(UR_{it})^2 + \alpha_3\ln(GDP_{it}) + \alpha_4\ln(POP_{it}) + \alpha_5\ln(IP_{it}) + \alpha_6\ln(HB_{it}) + \mu_{it} \quad (4.5)$$

$$\text{HU3}: \ln(HR_{it}) = \alpha_0 + \alpha_1\ln(UR_{it}) + \alpha_2\ln(UR_{it})^2 + \alpha_3\ln(UR_{it})^3 + \alpha_4\ln(GDP_{it}) + \alpha_5\ln(POP_{it}) + \alpha_6\ln(IP_{it})$$

$$+\alpha_7\ln(HB_{it})+\mu_{it} \tag{4.6}$$

其中，i 表示地区，t 表示时间，μ_{it}为误差项。HR 表示因 PM2.5 污染而导致的死亡人数和发病人数总和，即 PM2.5 污染导致的健康风险总和；UR 是城市化率（用常住人口的城镇人口占比来表示）；GDP 代表人均 GDP；POP 表示人口密度；IP 代表产业结构（以第二产业产值占 GDP 的百分比表示）；HB 代表医疗水平（用各城市医院床位数来表示）。

考虑到面板数据的连贯性要求，在进行影响因素回归检验时对部分数据缺失的城市进行剔除，最后筛选出 288 个数据完整的城市进行分析。模型拟合前，为保证拟合结果的有效性和准确性需要对数据进行一系列的检验，包括平稳性检验、协整检验以及霍斯曼检验。

平稳性检验结果表明，Levin – Lin – Chu 检验显示除健康风险外所有的变量都在水平上平稳，且在 1% 水平上显著外，健康风险在一阶差分后显示平稳。Im – Pesaran – Shin 和 Fisher – type 检验结果显示，有些变量存在单位根，选择将所有变量进行一阶差分，再一次进行单位检验，此时所有变量都平稳了，且在 1% 水平上显著。为进一步检验 PM2.5 相关健康风险与各解释变量之间是否存在稳定的长期关系，使用 Kao test、Pedroni test、Westerlund test 三种检验方式对所有变量进行协整检验。其中，Kao test 和 Pedroni tes 检验结果显示，每一个解释变量与健康终端变化之间在 1% 的显著水平上都存在协整关系。Westerlund test 检验结果表明，仅有人口密度在 10% 的显著水平上与健康终端变化之间存在协整关系，其他变量均在 1% 的显著水平上都存在协整关系。霍斯曼检验选择固定效应模型和非固定效应模型进行对比，根据结果（P = 0.000），三个模型均应选择固定效应模型。

4.3.4 计量面板模型估计结果

相对于特殊形式的普通最小二乘法（ordinary regression model, OLS），广义最小二乘法（generalized regression model, GLS）的主要思想是为解释变量加上一个权重，从而使得加上权重后的回归方程方差是相同的，进而达到消除异方差的效果。GLS方法修正了线性模型随机项的异方差和序列相关问题，因此我们可以得到估计量的无偏和一致估计，这里选择GLS模型进行拟合估算，估计结果见表4.7。

表4.7　全部城市的GLS模型估计结果

估计方法	FE（固定效应模型）			RE（随机效应模型）		
RModel	HU1	HU2	HU3	HU1	HU2	HU3
常数项	5.476***	1.486**	-13.595***	5.459***	1.097*	-13.756***
lnUR	-0.341***	1.765***	14.570***	-0.540***	1.841***	14.168***
$lnUR^2$	—	-0.292***	-3.825***	—	-0.327***	-3.708***
$lnUR^3$	—	—	0.322***	—	—	0.307***
lnGDP	-0.119***	-0.099***	-0.097***	-0.215***	-0.192***	-0.190***
lnPOP	0.851***	0.896***	0.838***	0.667***	0.691***	0.678***
lnIP	0.458***	0.411***	0.411***	0.450***	0.398***	0.402***
lnHB	-0.006	-0.010	-0.007	0.291***	0.281***	0.284***
R^2	0.487	0.501	0.499	0.694	0.697	0.698
Sigma u	0.722	0.717	0.711	0.331	0.326	0.327
Wald	65.13***	65.47***	65.90***	—	—	—
LR	—	—	—	8147.25***	7985.69***	7998.63***
Hausman	P（HU1）=0.000　P（HU2）=0.000　P（HU3）=0.000					

注：***、**和*分别表示1%、5%和10%的显著性水平。

从模型的拟合结果可以看出，除了医疗水平外，其余变量均通过了显著性检验。首先，城市化率的拟合系数结合二次项及三次项公式可知，在具有现实意义的取值范围内，模型HU2和模型HU3均存在一个优化拐点（模型HU3的恶化拐点无实际意义），即在拐点出现前，健康风险是随着城市化率的上升而增加的，城市化率的提高是城市空气质量降低、健康风险增大的主要原因。在拐点之后，由于城市化对环境的影响将通过技术创新、结构转型等途径来缓解，且城市医疗水平的发展为城市居民提供更好的公共卫生服务，使健康风险随城市化率的提升而降低。其他变量的拟合系数表明，产业结构和人口密度的提升也都会增加健康风险，且影响系数较大。其中人口密度的影响最为显著，因为不仅是高污染会带来健康风险，高暴露同样会带来较高的死亡率和发病率。人均 GDP 的提升会小幅降低居民的健康风险，表明城市居民具有更多的收入后，相对地可以得到更全面的防护和更优质的公共卫生服务，这一负向作用缓解了部分因为城市发展带来的健康问题。

为了进一步分析不同类型城市中健康风险影响因素的差异，选择工业型城市、资源型城市、中心型城市以及其他类型城市的 HU1、HU2、HU3 三种模型分别进行拟合，且通过霍斯曼检验（P = 0.000）可知四类城市均应该选择固定效应模型，拟合结果见表 4.8。

从拟合系数来看，相同的解释变量对不同类型城市的健康风险影响存在差异。首先是人口密度，四个类型的城市表现显著的一致性，均为明显的正向影响。因为城市人口的增长和迁入意味着，即使空气质量没有明显变化，人口暴露在大气污染中的数量也会增加，证实了对于所有城市来说高暴露都会带来更多的健康终端变化。产业结构对四个类型城市的健康风险也都是正向影响，但影响程度出现了差异，工业型和中心型城市受到的影响较大，资源型和其他类型城市稍小。人均 GDP 的提升对不同类型城市产生了不同的影响，对资源型城市的影响为正向的，但对其他三类城市的影响为负向的。也就是说，除了资源型城市外，其他三类城市中人均 GDP 的提升会因为增加防护可能与提升公共卫生服务质量，进而降低健康风险。对于资源型城市来说，人均 GDP 提升带来的优势无法有效缓解城市与经济发展给环境和健康带来的影响。医疗水平仅在中心型城市通过检验，中心型城市的医疗水平改善可以有效降低城市居民的健康风险，说明由于经济的发达和较高的人口密度，中心型城市医疗水平的提升可以惠及更多城市居民，同时也提供更优质的公共卫生服务，这些都在一定程度上降低了当地居民的健康风险。

对比表 4.7 和表 4.8 可以看出城市化率的影响和城市间的差异更为复杂，城市化率对不同类型城市健康风险以及相同城市不同模型间均存

表 4. 8　　不同类型城市的 GLS 模型估计结果

城市类型	工业型			资源型			中心型			其他类型		
模型	HU1	HU2	HU3	HU1	HU2	HU3	HU1	HU2	HU3	HU1	HU2	HU3
常数	2. 639 ***	0. 049	-24. 722 ***	4. 095 **	-5. 200	-78. 075 ***	2. 554 ***	-2. 110	0. 735	6. 958 ***	0. 235	-29. 851 ***
lnUR	-0. 102 **	1. 256 **	21. 431 ***	-0. 733 ***	3. 677 **	63. 133 ***	0. 010	2. 367 **	0. 061	-0. 587 ***	3. 175 ***	29. 472 ***
$lnUR^2$	—	-0. 185 ***	-5. 620 ***	—	-0. 584 ***	-16. 317 ***	—	-0. 321 **	0. 292	—	-0. 548 ***	-8. 038 ***
$lnUR^3$	—	—	0. 485 ***	—	—	1. 383 ***	—	—	-0. 054	—	—	0. 705 ***
lnGDP	-0. 226 ***	-0. 212 ***	-0. 205 ***	0. 223 ***	0. 239 ***	0. 239 ***	-0. 045	-0. 020	-0. 021	-0. 082 ***	-0. 034	-0. 029
lnPOP	1. 056 ***	1. 083 ***	1. 054 ***	0. 513 *	0. 788 ***	0. 416	1. 060 ***	1. 049 ***	1. 053 ***	0. 706 ***	0. 712 ***	0. 599
lnIP	0. 834 ***	0. 804 ***	0. 803 ***	0. 279 ***	0. 227 ***	0. 238 ***	0. 836 ***	0. 808 ***	0. 807 ***	0. 337 ***	0. 261 ***	0. 258 ***
lnHB	0. 023	0. 017	0. 024	0. 176 **	0. 141 *	0. 150 *	-0. 200 ***	-0. 165 ***	-0. 167 ***	0. 029	0. 044	0. 059 **
R^2	0. 351	0. 360	0. 357	0. 825	0. 815	0. 820	0. 273	0. 307	0. 309	0. 524	0. 533	0. 546
Sigma u	0. 858	0. 859	0. 850	0. 561	0. 456	0. 628	0. 983	0. 944	0. 944	0. 606	0. 603	0. 590

注：***、** 和 * 分别表示 1%、5% 和 10% 的显著性水平。

在差异，为了更清晰明了地对比这些差异，选择将健康风险与城市化率的拟合曲线以示意图的形式表现，见图 4.6。

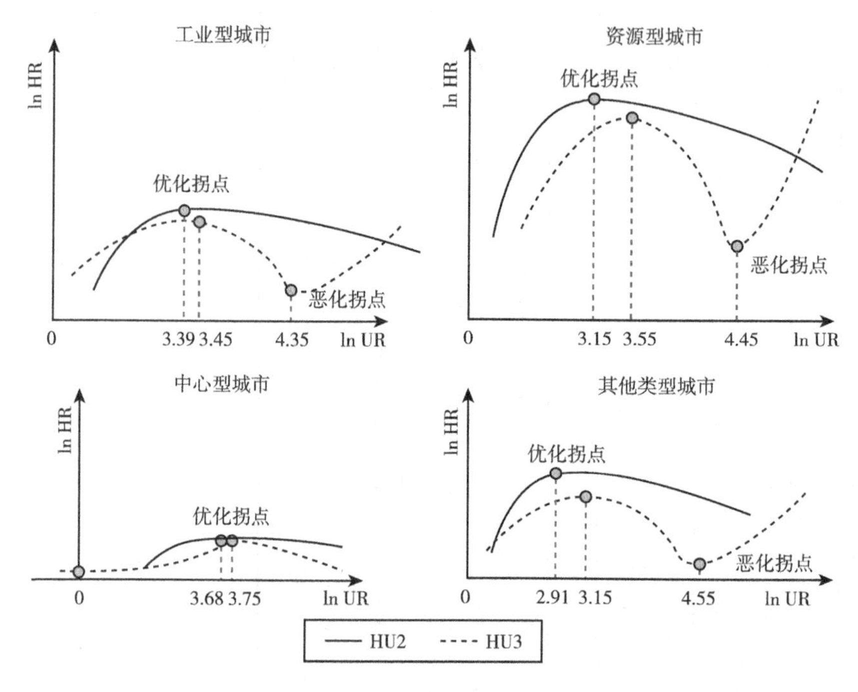

图 4.6　不同类型城市健康风险与城市化率拟合示意图

从拟合曲线和曲线拐点来看，各类城市模型 HU2 的拟合曲线形态基本相同，且均存在优化拐点。对比来看，其他类型城市的优化拐点出现最早，对应城市化率为 21%，其次是资源型城市对应 23%，工业型城市的城市化率稍大为 30%，中心型城市最大为 40%。相对于模型 HU2 只存在一个拐点，模型 HU3 存在两个拐点，分别为优化拐点和恶化拐点，其中优化拐点均比模型 HU2 中延迟出现。对于恶化拐点，中心城市不存在此拐点，工业城市在城市化率为 78%，资源城市为 90% 以及其他类型城市为 95% 时出现恶化拐点。对比上述拟合曲线拐点，其他类型城市中优化拐点最早出现而恶化拐点最晚出现，工业与资源型城市优化拐点出现较晚，同时恶化拐点又出现较早，中心型城市由于暴露人口的密度最大，优化拐点出现得最晚。从拟合系数大小来看，资源型城市的城市化率提升对健康风险的影响最为显著，其次为工业城市和其他类型城市，中心型城市的城市化率提升对健康风险的影响相对较小。

4.4　PM2.5 污染相关经济损失的核算

4.4.1　健康终端的单位经济损失

早逝带来的单位经济损失的核算。以北京市居民为例，运用生命价值法（value of statistical life，VSL）核算出因早逝造成的单位劳动力损失带来的经济损失为 168 万元。考虑到经济发展计算出 2016 年北京市早逝经济损失为 303.4 万元，进而通过各地级市人均可支配收入计算其他城市居民的单位经济损失（谢旭轩，2011）。门诊损失与住院损失，采用疾病成本法计算。慢性支气管炎病程缓慢，一般不易痊愈，患病时间难以确定，常造成病人极大痛苦，显著降低病人生活质量，因此不宜采用疾病成本法计算单位成本。本书采用 Viscusi 等（1991）与陈晓兰（2008）研究结果的中间值，即慢性支气管炎的单位成本为统计寿命价值的 40%。对于急性支气管炎及哮喘的单位经济损失，假设它与患病治疗费用的损失比例在各城市相同，依据黄德生等（2013）研究的患病治疗费用与急性支气管炎及哮喘单位损失比例，结合各省区市的急性支气管炎及哮喘的患病治疗损失以及各市的人均可支配收入，估算各市急性支气管炎及哮喘的单位损失，如表 4.9 所示。最后结合《中国卫生与计划生育统计年鉴 2017》计算出的各省区市主要健康终端的单位经济损失，再结合各地级市的人均 GDP 及人均可支配收入进一步算出各地级市主要健康终端的单位经济损失。

表4.9　　主要健康终端的单位经济损失

地区	早逝（万元/人）	呼吸住院（元/人）	心血管住院（元/人）	慢性支气管炎（万元/人）	急性支气管炎（元/人）	哮喘（元/人）
北京	303.4	17505.27	29223.08	121.36	4496.189	13293.51
天津	195.9183	14306.48	23463.4	78.36733	2903.381	8584.187
河北	113.4391	6293.966	10601	45.37564	1681.093	4970.349
山西	111.7837	6683.462	11278.87	44.71346	1656.561	4897.816
内蒙古	139.6856	7959.767	12937.79	55.87424	2070.049	6120.342
辽宁	153.8701	8290.288	13516.43	61.54804	2280.254	6741.838
吉林	116.9804	7361.611	12266.42	46.79215	1733.572	5125.51
黑龙江	116.4106	7017.059	11786.19	46.56424	1725.129	5100.546
上海	312.2231	14589.57	24111.33	124.8893	4626.942	13680.1
江苏	184.9458	9742.919	15866.74	73.97831	2740.775	8103.423
浙江	222.5011	9809.813	16130.37	89.00042	3297.32	9748.913
安徽	114.9699	5686.237	9583.61	45.98797	1703.779	5037.422
福建	159.0593	7528.01	12397.69	63.62372	2357.154	6969.203
江西	115.4364	5807.244	9788.209	46.17455	1710.691	5057.86
山东	142.1468	7846.68	12946.7	56.85873	2106.523	6228.182
河南	107.2199	5941.422	9930.814	42.88798	1588.929	4697.856
湖北	125.3821	6958.603	11552.26	50.15285	1858.081	5493.634
湖南	120.9486	6063.324	10122.38	48.37946	1792.38	5299.381
广东	174.4271	8739.526	14563	69.77086	2584.896	7642.548
广西	105.6459	5852.275	9913.991	42.25836	1565.603	4628.889
海南	118.8293	7252.031	12292.84	47.53171	1760.972	5206.52
重庆	125.9112	6697.043	11101.78	50.36448	1865.921	5516.815
四川	107.8223	6029.136	10117.18	43.12891	1597.855	4724.247
贵州	85.75567	4458.538	7531.217	34.30227	1270.843	3757.396
云南	95.3101	4785.834	8106.935	38.12404	1412.433	4176.024
西藏	76.7253	4657.753	7825.784	30.69012	1137.019	3361.729

续表

地区	早逝（万元/人）	呼吸住院（元/人）	心血管住院（元/人）	慢性支气管炎（万元/人）	急性支气管炎（元/人）	哮喘（元/人）
陕西	108.9117	5976.008	9881.69	43.56468	1614	4771.98
甘肃	84.31562	4519.535	7629.317	33.72625	1249.502	3694.3
青海	99.00477	6692.442	11267.78	39.60191	1467.186	4337.907
宁夏	108.4991	6673.139	11091.84	43.39964	1607.885	4753.902
新疆	105.5564	5448.116	9111.506	42.22255	1564.276	4624.966

由表 4.9 计算结果可以看出，造成劳动力长期丧失的早逝和慢性支气管炎是单位经济损失最大的两个方面。这两类健康变化是由于长期劳动力丧失而导致的经济损失，因此与各地的劳动力所产生的价值直接相关。

4.4.2　健康风险的经济损失核算

大气污染导致的健康风险产生的经济损失不仅是医疗费用的增加，还包括劳动力的丧失和劳动时间的减少对经济的影响。早逝导致的有效劳动力供给减少、相关疾病的住院治疗导致了劳动时间损失，即大气污染会进一步加重劳动力的稀缺，劳动时间减少和劳动力供给下降引起的相关的经济损失达到了 0.6% ~2.8% GDP（王文德，2007）。因此我们必须厘清相关的健康风险以及健康风险带来的巨大经济损失。

不同健康终端单位经济损失的计算：①早逝带来的单位经济损失。谢旭轩（2011）以北京市居民为例，运用生命价值法和可支配收入比例来进行核算。②住院损失及疾病带来的损失，采用疾病成本法计算。年人均 GDP 的日均值作为人均日误工成本，误工时间为住院日。③慢性支气管炎病程缓慢，一般不易痊愈，患病时间难以确定，常造成病人极大痛苦，显著降低病人生活质量，因此不宜采用疾病成本法计算单位成本。本书采用 Viscusi 等（1991）与陈晓兰（2008）研究结果的中间值，即慢性支气管炎的单位成本为统计寿命价值的 40%。对于急性支气管炎及哮喘的单位经济损失，依据黄德生等（2013）患病治疗费用与急性支气管炎及哮喘单位损失比例，结合各省区市的患病治疗损失以及各市的人均可支配收入，估算各市急性支气管炎及哮喘的单位损失。

结合前面所得健康终端变化及单位经济损失，计算出各地级市由 PM2.5 污染导致健康问题而产生的经济损失及所有健康终端变化导致的总经济损失，为了便于更直观地观察和分析，选择将早逝、住院、支气管炎、哮喘带来的经济损失计算结果中，排名前 20 位的城市分别进行可视化，绘制经济损失柱状图（见图 4.7）。

从经济损失数值来看，会对人造成劳动力永久或长期丧失的早逝和慢性支气管炎产生的经济损失最多，一些城市的经济损失可以达到上百亿元，并且这两种健康终端的高值区空间分布表现出极大的相似性。高值区主要分布在京津冀及其周边地区、长三角及其周边地区以及重庆和广州两个城市。但比较来看，早逝带来的经济损失仍是高于慢性支气管炎，说明早逝给更多更广泛的地区带来更多的经济损失。

呼吸系统与心血管系统疾病导致的住院，由于呼吸系统和心脑血管疾病住院而产生的费用较多，住院不仅包括医院治疗所产生的费用，还包括住院期间所产生的误工费。因此，在损失城市排序上结果稍有不同，前五名分别为北京市、上海市、天津市、重庆市、广州市，重庆市排名极大靠前。另一个差异是，相对于早逝与慢性支气管炎，疾病住院带来的经济损失表现出省会城市的经济损失增加较为显著。这是因为相对于其他城市，省会城市不仅医疗治理费用较高，而且误工所导致的经济损失大于其他城市，总经济损失大于其他城市。

由于长时间暴露在高浓度 PM2.5 而产生的哮喘，这种疾病是由于长时间暴露于高浓度污染空气而导致的突发性疾病，对人体的危害较大，同时治疗所产生的费用也较高。这类的疾病单位经济损失与早逝和慢性支气管炎相似，主要分布在经济较为发达的大城市和特大城市。最后是急性支气管炎，急性支气管炎是一种短期暴露于高浓度 PM2.5 污染环境下导致的突发性疾病，这类疾病需要更多的是门诊治疗费用，相对于其他的健康终端，经济损失值较小。

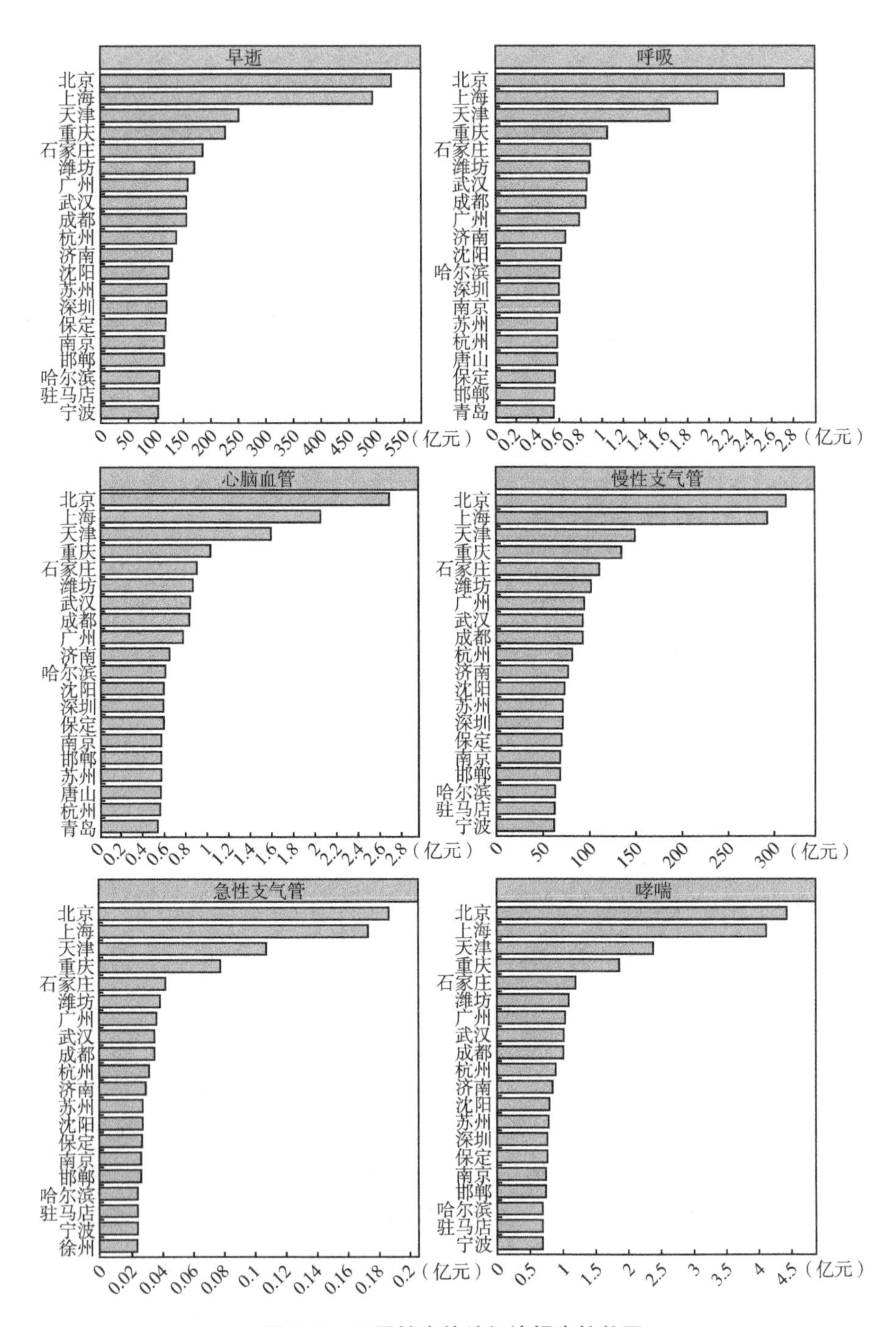

图 4.7　不同健康终端经济损失柱状图

总体来看，各种健康终端导致的直接经济损失在全国范围的分布具有较大的相似性，高值区主要分布在京津冀及周边城市以及上海、重庆、成都、广州等人口分布密集且经济发展较为迅速的大城市。

结合前面所得的健康终端变化及单位经济损失，计算出各地级市由 PM2.5 污染导致健康问题而产生的经济损失及所有健康终端变化导致的总经济损失，为了便于更直观地观察和分析，选择将总经济损失带来的经济损失计算结果中排名前 20 位的城市进行可视化，绘制直接经济损失柱状图（见图 4.8）。

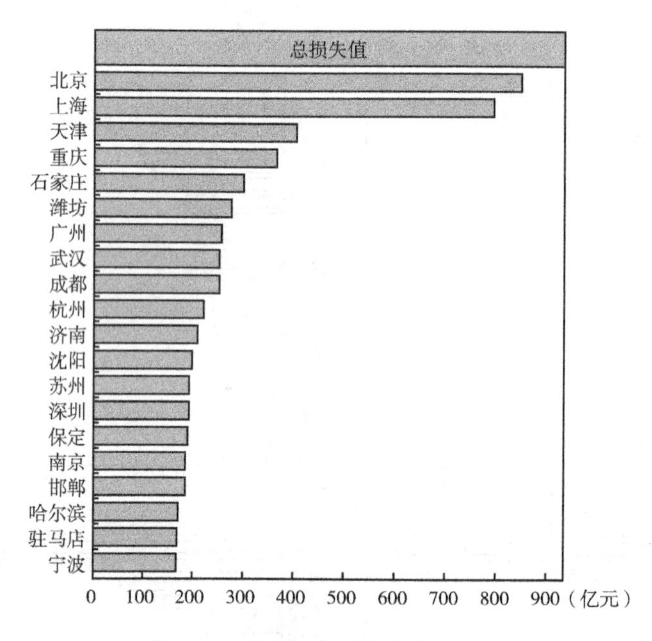

图 4.8　直接经济损失空间分布图

从图 4.8 中分布特征来看，总体上高值区主要分布在京津冀及周边城市以及上海、重庆、成都、广州等人口分布密集且经济发展较为迅速的大城市。但城市间的经济损失差值却存在巨大的差异，高值区的损失是低值区的几百甚至上千倍，总经济损失排在前 10 位的城市分别为：北京、上海、天津、重庆、苏州、石家庄、武汉、成都、广州、杭州，仅这 10 个城市就占据全国总损失值的 22.3%，这 10 个城市所处的京津冀及周边地区、长三角、珠三角城市群也是我国大气污染防治的重点区域，说明了大城市及特大城市的大气污染带来更多的健康损害和经济损失，也从侧面说明加强对大城市的环境进行监测和治理可以减少更多的经济损失。细分来看，根据不同的健康终端，造成劳动力永久或长期丧失的早逝和慢性支气管炎产生的经济损失最多，其次是疾病住院，这一类的疾病不仅需要治疗费，还要加上住院所产生的误工费用。

从数值来看，高经济损失地区主要分布在经济较为发达的特大城市、大城市（见表4.10）。从总经济损失来看，总经济损失值为1.846万亿元，占年度 GDP 总额的2.73%。再从不同的健康终端细分来看，导致永久性或长期失业的早逝和慢性支气管炎的经济损失最高，分别是早逝为11357.32亿元，慢性支气管炎为6702.38亿元。其次是住院，呼吸系统疾病导致的住院费用为56.07亿元，心血管疾病导致的住院费用54.71亿元，这类疾病不仅需要医疗费用，还需要缺勤费用。其他经济损失包括急性支气管炎费用为2.75亿元，哮喘费用为76.34亿元。相对而言，大城市面临医疗消费高、失业成本高等问题（Chen et al.，2010）。

表4.10　　经济损失前10位的城市

城市名称	PM2.5 浓度（μg/m^3）	城市化水平	健康风险（人）	经济损失（10亿元）
北京	65.221	9.062	95816.420	84.904
上海	51.235	14.615	88523.473	79.595
天津	72.756	5.1604	70459.693	40.503
重庆	44.663	3.481	96563.499	36.513
石家庄	77.086	1.137	58607.663	30.034
潍坊	35.024	1.253	44934.157	27.624
广州	34.442	6.673	32836.113	25.585
武汉	64.222	3.696	46945.370	25.189
成都	51.681	4.076	51813.849	25.142
杭州	43.935	2.274	28526.093	21.167

从表4.10可以看出，健康结果的变化与经济损失最为相似，其次是城市化水平，最后是 PM2.5 浓度。根据城市化水平排名，最相似的

是经济损失，其次是健康风险，最后是污染浓度。这意味着大城市也可能面临较大的健康风险变化和较高的经济损失，其原因有人口密度大、医疗消费高、失业成本大等问题。因此，在新型城市化和健康策略的实现过程中，探索城市化和 PM2.5 相关健康损失之间的关系（加重或减少）以及分析在不同城市化水平下经济损失的差异必然成为一个新的焦点。

4.4.3 经济损失随时间变化特征

为了进一步了解由 PM2.5 污染导致健康风险带来的经济损失随时间变化的过程，计算出 2006～2016 年 338 个城市的所有健康终端变化导致的经济损失之和，绘制经济损失随时间变化的箱状图（见图 4.9）。

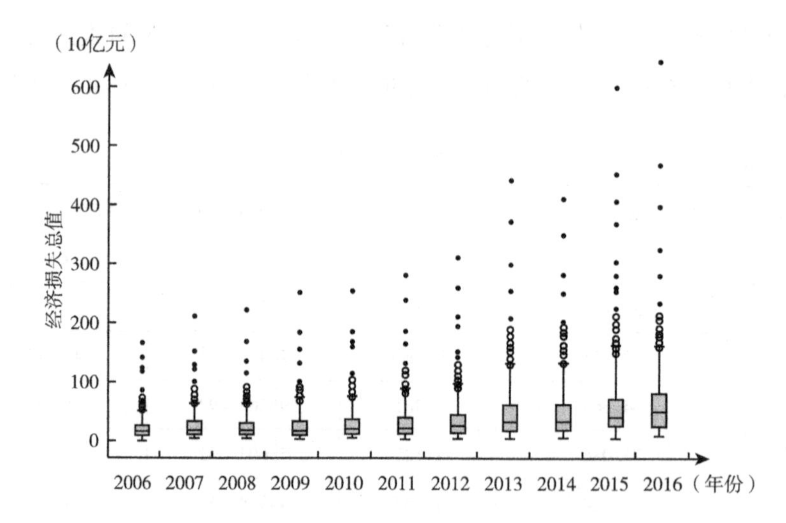

图 4.9 PM2.5 污染导致的健康风险随时间变化箱状图

注：圆形标记为离群值，圆点为异常值。

对比健康损失箱装状图，经济损失的异常值明显增多，且异常值多为高值区。随着时间的推移，高值区异常值也在增多，说明相对于健康风险，经济损失在城市间的差异不断增大。极小值变化不大，但极大值呈指数形式显著增加。从平均值来看，2006～2016 年表现出波动增加的态势。其中，2013 年有一个明显的增加，这与 2013 年爆发的大规模高污染的雾霾天气相关，稍后在 2014 年、2015 年和 2016 年保持一个相对较高的值。从箱状图还可以看出，随着时间的推移，上四分位包含的城市在不断增加，说明随着时间的推移，许多地区由于污染、城市不断发展、人口密度增加、经济发展，医疗成本和误工成本增加剧烈。这也为污染治理提供了另一个思路，为了降低 PM2. 5 污染带来的影响，将健康风险或经济损失更大的地区划分为重点区域，可以比单纯以 PM2. 5 浓度为指标划分更能减小大气污染带来的健康损失和经济损失。

4. 5　城市化与 PM2. 5 污染相关经济损失的关系

4. 5. 1　城市化与经济损失的相关关系判定

为探寻不同城市化水平下的大气污染导致的经济损失差异情况，本书结合方创琳等对中国城市化发展阶段的划分（方创琳，2014），将人口城市化率划分为不等距的五个阶段，分别绘制经济损失的箱状图，并对不同阶段的平均值进行对应的城市化率关系拟合（见图 4. 10）。

整体来看，城市化水平的提高对大气污染导致的相应经济损失有着较大的影响，且这一影响相对污染浓度本身和健康风险都更为显著。从经济损失相关关系图可以看出，随着城市化水平的增加，各阶段的极小值变化不大，但极大值变化较为显著，同时平均值随城市化水平的提升而增大。在城市化水平较高的阶段，城市间的经济损失差异较大，说明在城市化水平较高的城市中，由于产业结构、污染政策、地理环境等的差异，使污染所产生的健康差异显著，进而又由于城市间医疗成本和误工损失存在较大差异，城市间的经济损失比健康风险差异更大。

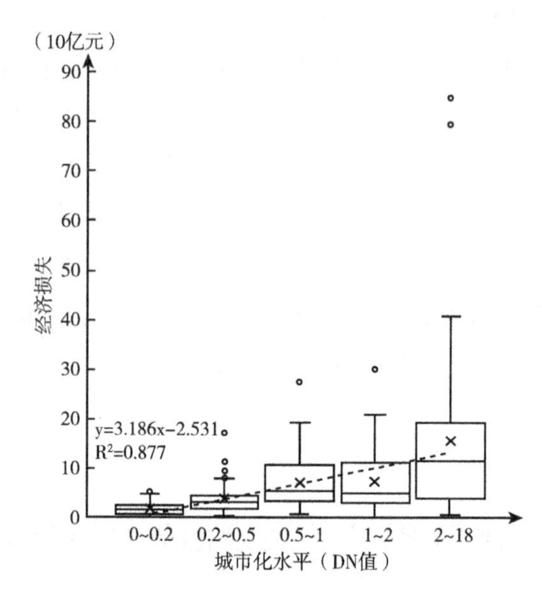

图 4.10　城市化发展水平与污染导致的经济损失的相关关系

注：圆形标记为离群值。

4.5.2　变量的描述性统计及模型建立

为了分析中国地级市水平下城市化与 PM2.5 相关经济损失之间的关联，选择使用 Stirpat 模型，同样以城市化发展水平为主要解释变量，建立模型如下：

$$ED1:\ \ln(EL_{it}) = \alpha_0 + \alpha_1\ln(DN_{it}) + \alpha_2\ln(IP_{it}) + \alpha_3\ln(GDP_{it}) + \alpha_4\ln(POP_{it}) + \mu_{it} \tag{4.7}$$

$$ED2:\ \ln(EL_{it}) = \alpha_0 + \alpha_1\ln(DN_{it}) + \alpha_2\ln(DN_{it})^2 + \alpha_3\ln(IP_{it}) + \alpha_4\ln(GDP_{it}) + \alpha_5\ln(POP_{it}) + \mu_{it} \tag{4.8}$$

$$ED3:\ \ln(EL_{it}) = \alpha_0 + \alpha_1\ln(DN_{it}) + \alpha_2\ln(DN_{it})^2 + \alpha_3\ln(DN_{it})^3 + \alpha_4\ln(IP_{it}) + \alpha_5\ln(GDP_{it}) + \alpha_6\ln(POP_{it}) + \mu_{it} \tag{4.9}$$

其中，i 表示地区，t 表示时间，μ_{it}为误差项。EL 表示因 PM2.5 污染而导致的健康问题从而产生的直接经济损失；DN 是城市化发展水平

（用夜间灯光数据的DN值来表示）；IP代表产业结构（表示为第二产业产值占GDP的百分比）；GDP代表人均GDP；POP表示人口密度。

4.5.3　空间计量面板检验及模型回归

类似于城市发展水平与健康风险的模型拟合，城市发展水平与经济损失的模型拟合也必须进行平稳性检验、协整检验和霍斯曼检验。为了面板数据拟合的可信度和减小误差，对健康终端变化总人次进行平稳性检验，结果均表现平稳。

（1）协整检验。本书选择使用Gt Statistic、Ga Statistic、Pt Statistic、Pa Statistic四种检验方式来检测经济损失与个因变量是否存在相关关系，检验结果显示，每一个解释变量与经济损失变化之间在1%的显著水平上都存在协整关系（见表4.11）。

表4.11　　面板数据的协整检验结果

变量	lnDN	$lnDN^2$	$lnDN^3$	lnIP	lnPOP	lnGDP
Gt Statistic	0.299***	0.446***	0.489**	-0.311***	0.104***	-0.616***
Ga Statistic	-0.102	0.115	0.189	0.086	0.389***	-0.080
Pt Statistic	8.417***	9.170***	9.657***	4.151***	5.957***	1.504***
Pa Statistic	0.708***	0.741	0.651	0.585***	0.657***	0.183***

注：***、**和*分别表示1%、5%和10%的显著性水平。

为了检测哪种模式最适合估计模型，本书选择非空间面板模型进行模拟，非空间面板数据模型的估计结果列于表4.12中。

表4.12　　传统面板数据模型估计结果

估计方法	FE（固定效应模型）			RE（随机效应模型）		
RModel	ED1	ED2	ED3	ED1	ED2	ED3
常数项	-8.6557*** (-10.92)	-9.2739*** (-11.62)	-9.0815*** (-11.33)	-11.4874*** (-35.22)	-11.0672*** (-34.02)	-11.088*** (-34.13)
RModel	ED1	ED2	ED3	ED1	ED2	ED3

续表

估计方法	FE（固定效应模型）			RE（随机效应模型）		
lnDN	0.6047*** (12.94)	0.6813*** (13.94)	0.6636*** (13.42)	0.3228*** (12.89)	0.5949*** (15.55)	0.5987*** (15.66)
$lnDN^2$	—	-0.1060*** (-5.13)	-0.1615*** (-5.08)	—	-0.1167*** (-9.30)	-0.1802*** (-6.72)
$lnDN^3$	—	—	0.0243** (2.30)	—	—	0.0194*** (2.68)
lnIP	-1.3086*** (-21.79)	-1.3925*** (-22.46)	-1.3667*** (-21.71)	-1.045*** (-18.20)	-1.1582*** (-20.02)	-1.1463*** (-19.78)
lnGDP	0.9475*** (53.30)	0.9768*** (52.54)	0.9729*** (52.15)	0.9416*** (66.17)	0.9485*** (67.50)	0.9483*** (67.55)
lnPOP	1.009*** (7.32)	1.1575*** (8.25)	1.1171*** (7.91)	1.3957*** (36.56)	1.3838*** (36.56)	1.3877*** (36.73)
R^2	0.7639	0.7661	0.7667	0.7673	0.7715	0.7737
Sigma u	0.7545	0.6384	0.6572	0.4249	0.4258	0.4246
F-test/λ	34.56***	34.39***	34.04***	—	—	—

注：***、**和*分别表示1%、5%和10%的显著性水平；括号里数值为对应系数的t和z统计量值。

由表4.12的OLS拟合结果R^2可以看出，三种模型的拟合结果均较好，且各模型的拟合效果差别不大。相对而言，含三次项的模型拟合效果好于其他两个，且随机效应模型略好于固定效应。因此，拟合效果最好的为随机效应的含三次项的模型，且所有的拟合系数在5%水平上显著。由随机效应模型可知，城市化发展水平的提升均使PM2.5相关的健康问题产生的经济损失值不断上升。一次项模型与三次项模型结果表明，城市化发展对经济损失的影响一直是正向的，在实际可取值范围内，没有拐点。二次项模型拐点为DN值（12.7815），即城市化水平超过12.7815后，城市化发展对经济损失的影响由正转负，表明在城市发展到一定水平后，集聚效应渐渐扩大，城市居民可以享受到更好、更优质的医疗健康服务，使居民健康风险降低，经济损失进一步减小。同样地，人口密度的增加以及经济水平的提升都会进一步增加PM2.5相关的健康问题产生的经济损失值。从结果来看，仅有工业结构水平的提升会降低PM2.5相关的健康问题产生的经济损失值，这可能与产业结构转移和污染避难效应有关。

（2）空间相关性检验。为探索地级市水平PM2.5相关的健康问题产生的经济损失值的全局空间关系变化，运用Geoda建立空间权重矩阵，进而得出2006～2016年的全局Moran's Ⅰ指数。计算结果表明，Moran's Ⅰ全为正数，即研究时期内我国的地级市水平PM2.5相关的健康问题产生的经济损失值呈显著正向空间自相关。各年Moran's Ⅰ指数都位于[0.266，0.394]，且蒙特卡洛检验基本在0.01水平上显著，表明地级市水平PM2.5相关的健康问题产生的经济损失值总体呈现出集聚分布，经济损失值在相邻城市间存在较强的空间相关性，即各地级市水平经济损失值不仅受自身发展变化的影响，同时还受到周边地区的影响。利用GeoDa软件计算Moran's Ⅰ（结果见表4.13），其中，E（I）为数学期望值，Sd.为标准差，P－value为显著性水平。

表4.13　基于蒙特卡洛检验的全局Moran's I估计值比较

年份	Moran's Ⅰ	E（I）	Sd.	P－value
2006	0.394	－0.0038	0.0395	0.001
2007	0.337	－0.0038	0.0396	0.001
2008	0.350	－0.0038	0.0395	0.001
2009	0.324	－0.0044	0.0398	0.001
2010	0.316	－0.0043	0.0397	0.001
2011	0.377	－0.0038	0.0394	0.001
2012	0.385	－0.0038	0.0396	0.001
2013	0.326	－0.0038	0.0399	0.001
2014	0.315	－0.0038	0.0395	0.001
2015	0.326	－0.0038	0.0398	0.001
2016	0.266	－0.0038	0.0402	0.001

为进一步揭示城市水平经济损失的局部空间相关性，更为直观地显

示 PM2.5 相关的健康问题产生的经济损失值的集聚特征，类似于健康终端变化依旧选择三个时间断点：2006 年、2011 年、2016 年，来绘制经济损失值的散点图（见图 4.11）。

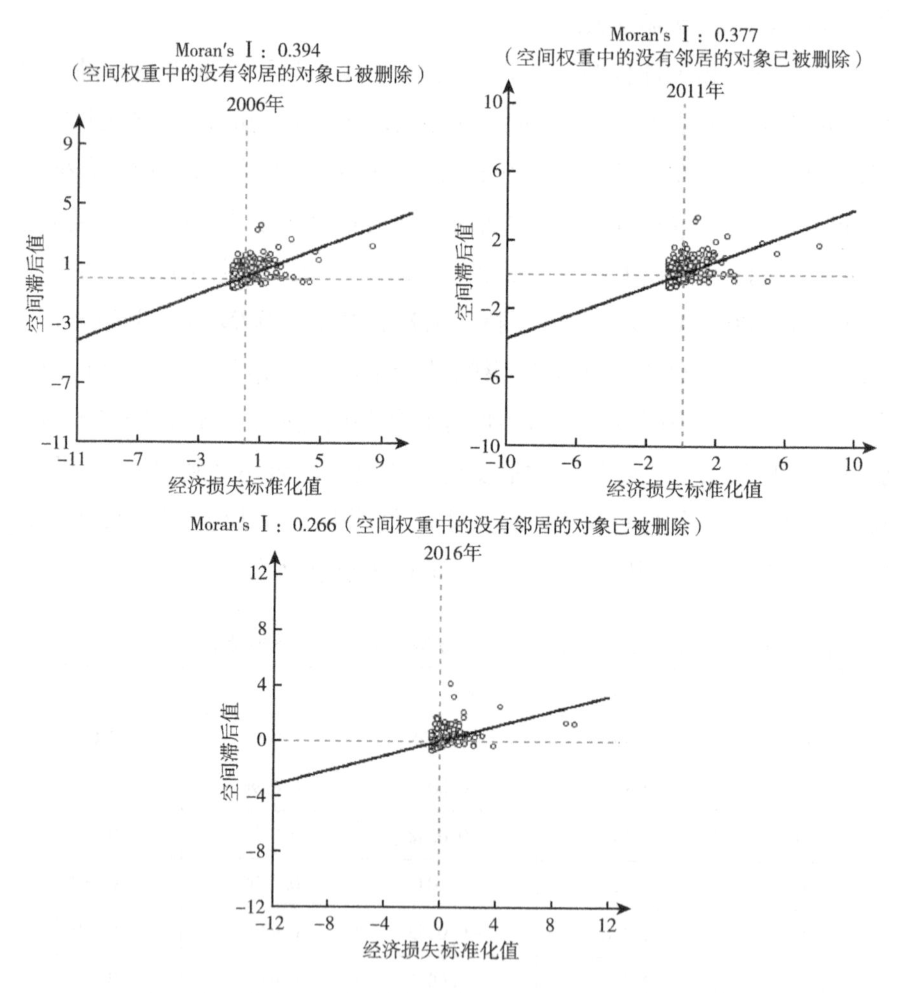

图 4.11　2006～2016 年中国城市水平经济损失的 LISA 图

从图 4.11 可以看出，PM2.5 相关的健康问题产生的经济损失的局部空间集聚特征明显，总体以 HH 集聚和 LL 集聚为主，并表现出一定程度的空间锁定。其中，HH 集聚的省级行政区主要分布在中东部的河北、山东、江苏等地；LL 集聚则主要分为两个部分：第一部分为集中分布于西部的青海、新疆、西藏等地，第二部分为东北的黑龙江与内蒙古部分城市。其他的LH和HL两种类型的城市散落分布在LL与HH两个集聚区的中间位置。

从图4.11中还可以看出，每个城市的集群的数量和分布也显示出区域动态特征，特别是LL和HH两个集聚区所包含的城市数量在不断降低，莫兰指数值也在降低，空间相关性不断减弱。其中，最为显著的中东部地区最大的HH集聚区随着时间的推移，出现了逐渐减小的趋势，由于经济损失的降低，部分HH城市转化为LH城市。但也有一些城市，如重庆等，因为经济损失的增加，由不显著区域变成了HL城市。总的来说，城市间的PM2.5相关的健康问题产生的经济损失之间存在强烈的空间相关性，当进行面板分析时，必须考虑空间因素。

城市间的PM2.5相关的健康问题产生的经济损失之间存在显著的空间自相关性，为了减少由于忽略空间效应而产生的估计偏差，本书将使用空间计量方法进一步分析PM2.5相关的健康问题产生的经济损失的以城市化发展水平为主的影响因素。在空间面板数据估计分析前要判定哪种计量模型更合适，为此应该选择LR检验和Wald检验进行模型的判别及选择。根据Wald检验和LR检验的结果（两个零假设在1%显著性水平被拒绝），可以看出SDM模型比SLM模型和SEM模型更合适。同时，前面的Hausman检验表明，随机效应模型优于固定效应模型。因此，选择具有随机效应的面板数据模型作为最佳模型，估计结果见表4.14。同时，考虑到数据可获取性和连续性，部分地级市数据统计口径发生变化或缺失，所以在进行计量回归时部分城市被删去。这就导致了在建立空间权重矩阵时，一些城市没有相邻地区，为了降低因这种原因带来的误差，选择使用空间地理矩阵代替临界矩阵，并对矩阵进行标准化处理。

表4.14 随机效应的SDM面板数据模型估计结果

变量名	ED1		ED2		ED3	
	系数	z值	系数	z值	系数	z值
常数项	5.195*	1.49	8.2458**	2.25	2.1061	0.52
lnDN	0.4599***	19.09	0.5379***	15.94	0.5289***	15.53
$lnDN^2$	—	—	-0.0262***	-2.19	-0.0942***	-4.00

续表

变量名	ED1		ED2		ED3	
	系数	z值	系数	z值	系数	z值
$\ln DN^3$	—	—	—	—	0.0227 ***	3.42
lnIP	-0.2981 ***	-5.54	-0.3733 ***	-6.79	-0.3155 ***	-5.66
lnGDP	-0.0001	-0.00	0.0179	0.51	0.0196	0.56
lnPOP	1.1587 ***	28.83	1.1540 ***	27.48	1.1804 ***	26.68
W × lnDN	0.1047 ***	0.72	-3.5185 ***	-9.72	-3.7668 ***	-10.39
$W \times \ln DN^2$	—	—	1.8902 ***	10.71	3.0154 ***	9.22
$W \times \ln DN^3$	—	—	—	—	-0.3414 ***	-4.14
W × lnIP	-1.055 ***	-4.56	-0.1600	-0.69	0.2216	0.89
W × lnGDP	0.5622 ***	7.75	0.3833 ***	5.28	0.2791 ***	3.65
W × lnPOP	-2.031 ***	-3.01	-3.0302 ***	-4.24	-2.2306 ***	-2.94
ρ	0.4695 ***	8.99	0.6159	12.27	0.6841 ***	13.58
sigma2_e	0.0585 ***	36.68	0.0549 ***	36.43	0.0536 ***	36.20
R^2	0.8263		0.8473		0.8341	

注：***、** 和 * 分别表示 1%、5% 和 10% 的显著性水平。

从 SDM 模型的拟合结果可以看出，经济损失和健康终端变化与城市发展水平的拟合优度远高于 PM2.5 污染与城市发展水平，健康风险与经济损失的拟合优度接近，均高于 0.8。ED1、ED2、ED3 三个模型的拟合结果均表明，城市发展水平的提升会增加城市居民健康风险带来的经济损失，且在具有现实意义的取值范围内，ED2 和 ED3 模型的拟合结果没有拐点的产生。也就是说，在目前可预见的发展过程中，城市的发展水平提升对经济损失的影响并不会出现由恶化到优化的转变。且从系数和拟合优度可以看出，城市发展水平对经济损失的影响远大于对污染浓度的影响，同时对城市间的影响差异大于健康风险，可以说是受城市发展水平影响最大的因素。另外，经济发展和人口密度都对经济损失表现出显著的正向影响，即人口密度的提升增加了暴露人群的数量，进而增加发病率，而经济发展的增加会使医疗成本和误工成本显著提升，也就是增大了健康风险带来的经济损失。

为了进一步分析各解释变量的影响程度和空间溢出效应，给出模型ED2的直接效应和间接效应拟合结果（见表4.15）。

表4.15　直接效应和间接效应的拟合结果

变量	Direct	Indirect	Total
lnDN	0.5187 ***	-8.5368 ***	-8.0181 ***
$lnDN^2$	-0.0148 *	5.0026 ***	4.9877 ***
lnIP	-0.3708 ***	-0.9293 **	-1.3002 ***
lnGDP	0.0188	1.0323 ***	1.0512 ***
lnPOP	1.1397 ***	-6.2258 ***	-5.0861 ***

注：***、**和*分别表示1%、5%和10%的显著性水平。

总的来看，总效应结果受间接效应影响较大，直接效应系数较小，且GDP未通过显著性检验。首先，间接效应和总效应的所有变量均通过了显著性检验，直接效应中城市化发展水平指标二次项和GDP没有通过显著性检验。从城市发展水平来看，在具有现实意义的取值范围内，城市化的提升会增加本地居民的健康风险带来的经济损失，说明在目前的城市发展过程中，城市面积的扩大、城市经济的发展等会造成更多的污染排放和使更多人暴露于污染环境中，因而增加健康风险。同时，由于城市发展水平较高的城市医疗服务成本和误工等成本更高，因此经济损失更显著。但在城市化水平也即DN值小于2.34时，城市化水平的发展降低周边其他地区居民的经济损失。这可能是地区产业集聚与人口密集增加，形成了“虹吸”效应，会降低周边地区的产业发展和人口密度。因此，产生较少的污染，同时减少暴露人口，使当地居民因为PM2.5污染而产生的死亡率和发病率降低，且周边地区发展水平相对较低，患病治疗的成本更低，误工产生的经济损失也较低，从而降低经济损失。而当城市化水平高于2.34时，城市化水平的发展也开始增加周边其他地区居民的经济损失，完成由优化到恶化的转变。这说明城市发展到一定水平后，人口和工业都开始向周边扩散，特别是某些高污染高能耗产业，周边地区的污染和人口密度的增大使健康风险的相关经济损失增加。

其他的产业结构调整对本地和周边的地区的经济损失影响均为负向，而经济增长则正好相反，对本地和周边的地区的经济损失影响均为正向。最后是人口密度，对本地区的经济损失影响为正，但对周边地区的影响为负，与人口向经济发达的大城市不断迁移有关。大城市的“虹吸”效应会增高本地区的人口密度但降低周边地区的人口密度，因此增加本地区的暴露人口的同时减少了周边地区的暴露人口。

4.5.4 从拟合结果对比

根据前面分析，现将 HD 和 ED 两个模型包含二次项与三次项的拟合结果对比，包括普通面板与空间面板的结果绘制示意图（见图 4.12）。

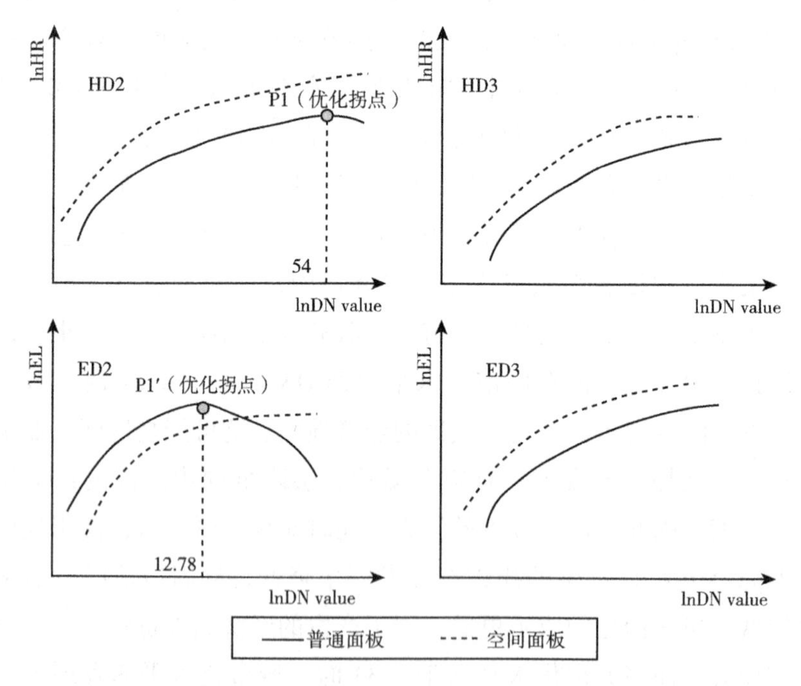

图 4.12　2006～2016 年城市健康风险和经济损失的面板数据检验结果示意图

从图 4.12 可以看出，在以城市化发展水平为主要影响因素的模型中，可以得出：

①模型 HD 和模型 ED 的拟合结果具有相似性，如仅有含二次项的

模型 HD2 和模型 ED2 的普通面板拟合时存在拐点，且均是在城市化水平较高的情况下才出现由恶化到优化的优化拐点。但同样地，含有二次项的空间拟合结果则不存在具有实际意义的拐点。

②含三次项的模型，包括 HD3 和 ED3 两个模型显示，在研究时段内，均不存在拐点，且随着城市化水平的不断提高，表现出城市居民的健康风险不断增大，且相关的经济损失也不断扩大。这说明增加模型中城市化水平所占比重，会使由恶化转向优化的拐点后移，以至于出现在具有现实意义的取值范围内，不存在拐点，说明城市化到目前为止，城市化过程的正外部性，即通过规模经济、集聚效应、资源再配置效应等降低环境的损害，通过加强医疗卫生服务质量、提高医疗服务水平降低环境带来健康风险，最后通过改善医疗保险制度等降低经济损失等一系列正外部性效应还没能超过城市化过程，因为人口的集聚、物质需求的增加，经济的发展带来负外部性效应。

③相比普通面板检验，空间计量面板考虑城市间相互作用因素以及由坏转好的改善拐点滞后，变成在具有实际意义的取值范围内，不存在拐点了。这说明城市间大气污染物的扩散加速了空气质量的恶化，其带来的健康风险和经济损失也因为考虑到空间因素后，影响程度变大。这也进一步说明单一城市的大气治理或环境管控改善难度极大，一个城市的健康风险和经济损失始终受到周边城市的影响。

4.5.5　从拟合优度对比

结合 PD、HD 和 ED 三种模型来看，特别是从 R^2 来看，HD 和 ED 两种模型的拟合优度更高，且模型 HD 和模型 ED 所有变量的拟合系数基本都通过了显著性检验，说明相对于污染本身，城市化发展对健康风险和经济损失的影响更大，考虑到前面提及的污染治理新思路，即为了降低 PM2.5 污染带来的影响，将健康风险或经济损失更大的地区划分为重点区域，可以比单纯以 PM2.5 浓度为指标划分更能减小大气污染带来健康损失和经济损失。因此，本书选择将健康风险与经济损失再分别与城市发展进行空间面板分析，就是为了准确且深入地了解城市化的发展具体带来了怎样的影响。

从另一个层面来看，仅含二次项的普通面板模型出现拐点，而同时含二次项与三次项的模型未出现拐点。这说明如果增大城市发展水平在模型的影响比例，那么极有可能随着城市面积的扩大，城市不断繁荣，城市的空气质量会不断恶化，人口进一步集聚，医疗成本和误工成本进一步增加，使健康风险与经济损失都不断增大。但如果降低城市发展水平的影响比例，在工业结构不断调整，人均 GDP 增加，人口密度降低，城市发展模型呈现健康、绿色发展时，城市的发展才能形成集聚效应，降低能源消耗和污染的产生，才能提升城市的空气质量，降低健康风险与经济损失。

4.6 分区管理

4.6.1 城市类型划分

为了进一步深入探究不同城市化水平下 PM2.5 污染导致的经济损失差异，本书以城市化率为横轴、各地级市的总经济损失为纵轴，横坐标和纵坐标的交叉点为（1，2）（全国城市化水平平均值 1 以及全国 338 个城市经济损失的平均值 20 亿元），将各地级市分为四个大类，并将分类结果可视化处理（见图 4.13）。其中，Ⅲ象限为类型 A，表示城市化水平及经济损失均低于全国平均水平，为低城市化率但污染较少经济损失较小的地区；Ⅳ象限为类型 C，这个类型的城市虽然城市化水平低，但仍具有较为严重的污染和经济损失，是需要进一步探讨其产业结构的地区；Ⅱ象限对应 B 类型，是城市化水平较高但经济损失较低的地区，这些城市应该成为借鉴的成功典例；Ⅰ象限为类型 D，是必须最重点关注的地区，这些地区人口分布密集，暴露于相对严重的污染环境中，且由于地区经济较为发达，产生的经济损失也比其他地区多。

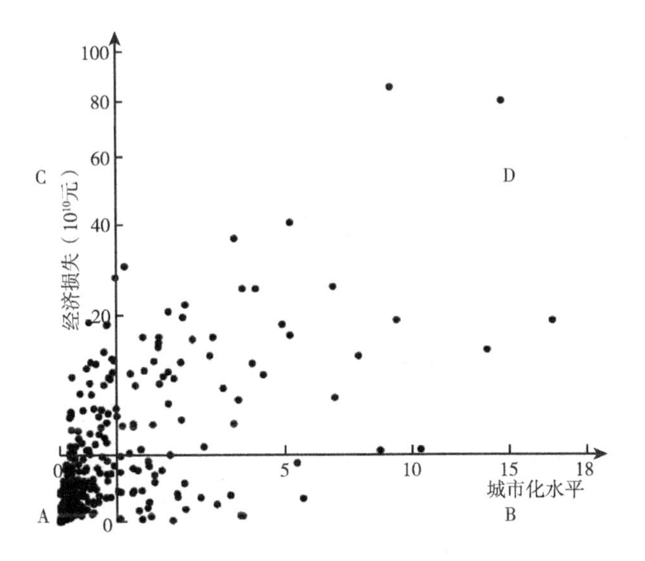

图 4.13　城市类型分类结果及其空间分布

4.6.2　地区差异对比

由计算结果，A 类城市约占城市总数的 62.2%，B 类城市占 9.3%，C 类城市占 13.1%，D 类城市占 15.4%。从分布特征来看，C、D 类城市分布比较集中，主要集中在东部和中部地区，C 类城市主要分布在 D 类城市周边。A 类城市分布最广，B 类城市分布比较分散，规模相对较小。结合城镇化水平和经济损失，可以看出：

（1）全国超过 60% 的城市属于类型 A（非重点区），虽然目前这些城市化水平较低且由大气污染造成的经济损失相对较低，但是这类城市在进行城市化的过程中一定要注意发展路径选择，避免高污染高能耗成为主要工业行业，提高准入门槛，降低污染损害的同时控制人口密度，始终保持建成区扩张速度大于城市人口密度增加速度。但分布在 C、D 类城市周边的地区需要格外注意污染及经济发展的空间溢出效应，以避免在城市化水平进程不断加深的同时，形成以牺牲环境为代价发展经济的低级城市化，后期终会导致更多因为环境危害而造成的经济损失。

（2）B 类型的城市则可以被称为“成功典范”的城市，即在城市化水平相对较高的情况下，环境污染状况相对优良，进而产生的经济损失也较低，主要分布在边界地区。当然，地理环境有很大的影响，例如，由于污染扩散的优势，厦门、中山、珠海等沿海城市的空气质量较好。但同时，珠海、中山和厦门等地的污染物浓度较低也是由于这些城市的排放强度低，特别是珠江三角洲地区，该地区已经实施了较为严苛的排放控制措施。例如，中山和珠海经常受到来自广州的 PM2.5 跨区域传输的影响，但由于区域联合减排，使整个区域的污染物浓度较低。此外，更好的空气质量带来更少的健康风险和更少的经济损失。除了地理环境和排放控制外，还有一些城市由于产业结构合理、污染行业门槛较高、污染治理力度较大，空气质量较好，因此 B 型城市在城市发展过程中可以成为其他城市的榜样。

（3）在所有的 338 个城市中，最需要给予关注和重点控制的 D 类型城市共有 53 个。其中全国 27 个省会及直辖城市中有 21 个属于类型 D，超过总数的 70%，这些地区城市化率较高，居民集中生活在城市中，但城市污染较为严重，造成居民健康问题突出，又因为就医及误工的成本较高使经济损失远超过全国平均水平。为了减少经济损失而进行污染治理，考虑到经济效益，首先应该进行治理的就是 D 类型的地区。针对重点控制区，是现阶段应该加大监控和治理力度的城市，核查其减排政策措施落实情况、重点项目完成情况和监测监控体系建设运行情况，并考虑以经济惩罚、行政约谈等手段进行违规排放责任处理，同时特别需要注重机动车及生活源污染防治。

（4）类型 C 的城市多分布在类型 D 城市的周边，这些城市可能本身的经济并不发达、城市化水平也较低，但污染状况不容乐观，相对应的经济损失虽然低于 D 类型的大部分城市，但也高于全国平均水平，是潜在的可能会发展成为 D 类型的城市。究其原因，这些地区由于靠近城市化水平较高的大城市，接收了很多从大城市的城市化进程中淘汰的高污染高耗能产业，虽然地区本身城市化水平较低，但工业产值占比较高（15 个城市中 8 个第二产业产值占比超过 50%，特别是铜陵、平顶山、潍坊等均为著名的资源型城市或重工业城市)，进而在生产过程中产生大量污染物排入大气中。还有一个较为重要原因就是，由于空气的流动性及污染物的空间溢出效应，使这些城市的空气质量受到周边D类型城市的影响而较差，从而产生健康问题造成相应的经济损失。对于C类型的城市来说，由于分布在D类型城市周边，极有可能会成为D类型城市淘汰产业的转移地，对于这个类型的城市来说，提高各个行业的准入门槛是必需的，同时也可以通过奖励和倒逼等机制，促使产业进行升级。同时，高额的经济损失为加强公共卫生服务提供了理论依据，使有需要的人特别是生活在农村和贫困地区的人更容易获得公共卫生服务。

第5章 空间溢出效应及经济补偿

5.1 数据来源及分析处理

5.1.1 数据来源

PM2.5 污染主要包括一次源，也就是基本物质分成的排放；二次源也即大量污染物在空气中产生物理化学反应，进而形成的细颗粒物。因此，在研究 PM2.5 的空间溢出时，需要考虑到一次污染源的污染物排放和二次污染源生成物的污染物排放。要定量研究污染物的空间溢出效应，排放量数据和浓度数据是两个必需的数据来源。首先是浓度数据，PM2.5 浓度数据来源于 Dalhousie University 的 Atmospheric Composition Analysis Group 结合卫星遥感数据和地球物理统计方法对中国的地表 PM2.5 浓度进行估计得到的数据结果（Van et al.，2019），本书选择 2016 年精度为 0.01°×0.01°数据集。其次为排放量数据来自清华大学的 MEIC（Multi-resolution Emission Inventory for China，中国多尺度排放清单模型，简称 MEIC）研究团队。本书选择 MEIC 团队公布的 2016 年 MEICv1.3 网格化清单数据集，包括 NH_3、NO_x、PM2.5、SO_2、VOC 五种污染物分别在发电、工业源、生活源、交通、农业五个来源的排放量数据，本书选择五个来源的五种排放量 2016 年精度为 0.25×0.25 的数据集（Zheng et al.，2014）。

5.1.2 PM2.5、SO_2、NO_2 等五种污染物的排放特征

根据 InMAP 模型，PM2.5 污染主要是由 NH_3、NO_x、PM2.5、SO_2、

VOC 这五种污染物的排放造成的，因此选择 MEIC 团队提供的定制网格化排放数据包括分别五种来源的五种污染物，将这些数据按照污染物种类，利用 ARCGIS 的栅格计算器计算出每种污染物的总排放量，并绘制污染物排放量曲线图（见图 5.1）。

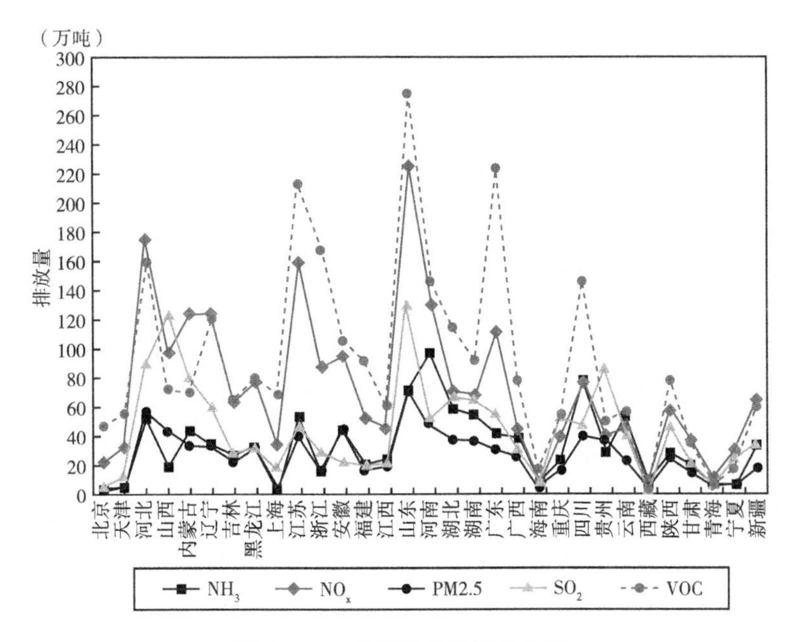

图 5.1　五种污染物的排放曲线

从各污染物排放总量来看，VOC 排放量最高，其次是 NO_x，SO_2、NH_3 和 PM2.5 排放量稍小。从整体分布特征来看，五种污染物的高排放集中分布地区具有一定的相似性，大多分布在中东部地区，但也具有一定的差异性。

第一种污染物是 NH_3。NH_3 的主要排放来源是农业源，包括农业化肥、畜禽养殖、生物质燃烧等，特别是农业氨肥和复合肥的使用，会通过各种途径向大气释放氨气，造成严重的污染。从图 5.1 可以看出，NH_3 的排放高值区主要分布在人口密集区的胡焕庸线以东，特别是中东部地区和成渝地区。这些地区人口分布密集，最高值的中部地区是中国农业最为发达的地区，这个地区的农村为了能够在少数的土地上生产出最多的粮食，选择精耕细作式的农业模式，化肥使用量居全国前列

（刘钦普，2014）。

第二种污染物是 NO_x。作为对区域大气复合污染具有重要影响的一种污染物，NO_x 不仅本身为有毒有害气体，还是对流层臭氧和大气气溶胶的重要前体物，同时也是酸雨形成的重要贡献者，对人体健康和生态环境均具有较大的危害，是涉及环境问题最多的污染物（刁贝娣等，2016）。NO_x 高值区主要分布在中东部地区的河北、河南、山东、江苏以及南部地区的广东，其他地区更多以点分布为主。NO_x 的两大来源分别是工业源和交通源，工业源主要是化石燃料的燃烧过程中产生的废气中包含较多的 NO_x，而交通源则来自机动车尾气的排放，目前机动车尾气已然成为中国第二大 NO_x 排放来源（Diao et al.，2018）。因此，NO_x 排放高值区主要是工业较为发达的重工业城市、资源依赖型城市以及车辆保有量较多且发生较多交通堵塞的大城市。

第三种污染物为 PM2.5。PM2.5 排放的高值区分布特征介于 NH_3 的片状分布和 NO_x 的点线式分布之间，在中东部地区、成渝地区和珠三角地区的密集分布成片，其他地区较多的以小片状和密集点分布为主。PM2.5 的排放主要来源于火力电厂的生物质能源特别是煤炭的燃烧，工艺排放特别是水泥和钢铁等行业在产品生产过程中排放大量细颗粒物，最后是交通源的尾气排放和北方地区的扬尘，其中影响最为严重的为火力发电行业，因为火电行业大量的燃煤消耗除产生 PM2.5 等基本物质粉尘之外，还带来其他污染物如硫酸盐、亚硝酸盐、重金属元素以及有机质多环芳烃等，此类污染物会增强空气的毒性（刁贝娣等，2018）。其中贡献最大的三个部门电力、工业和交通 3 个部门的贡献率分别为 49%、20% 和 31%，排放量最大的 5 个省份分别是山东、河北、江苏、河南和山东（张强等，2006）。

第四种污染物为 SO_2。SO_2 的环境影响巨大，排放到大气中后会形成酸雾或硫酸盐气溶胶，并最终氧化形成酸雨。在“十一五”规划中 SO_2 被划定为最主要污染物以后，特别是经过“十一五”规划五年的管控和治理，目前大部分地区的 SO_2 排放量显著降低，主要呈点线式分布（王志轩等，2005）。对于工业排放，执行重点行业的管控、发挥技术进步的效应是目前最为有效的方式（刘睿劼、张智慧，2012）。

第五种污染物为VOC。挥发性有机物（VOC）是对流层臭氧生成的重要前体物，同时也是二次有机气溶胶的重要前体物之一，形成复合型大气污染。VOC的高值区主要分布在三个地区京津冀、长三角和珠三角，呈现出点线式分布，除了这三个主要的高值区外，其他地区主要为点状分布。重点VOC排放行业主要包括加油站排放、轻工业（包括家具制造业、建筑涂料、制鞋业）溶剂的使用（余宇帆等，2011），这些行业大多分布在人口密集、经济发展水平较高的大城市周边，为城市发展和城市居民服务。相对于前面四种污染物，VOC的管控和减排是相对较为复杂和困难的。一是产生VOC排放的主要行业较为复杂，这些行业大多没有大规模生产排放，以小作坊和小工厂模式为主，不利于管控。二是目前由于城市居民生活水平的提高，对于轻工业的产品需求量越来越大，产品需求量的增加带来更多产品的生产和污染的排放，因此对于VOC的治理需要成为我国空气质量管控的下一个重点。

5.1.3　数据处理及InMAP运行流程

在进行InMAP模型拟合之前，需要对排放数据进行进一步处理，具体的数据处理顺序及InMAP模型运行流程见图5.2。

将5.1.2小节中展示各排放源的排放量数据进行叠加，本节得到不同污染物的总排放量数据。因为InMAP模型要求输入的数据必须是矢量的shp格式，所以需要将排放量数据由栅格格式转换为矢量格式，并对每一个像元赋属性值（包括位置、五种污染物的排放量），得到全国的排放量矢量图。将全国的排放量栅格图切割成31个省区市或338个城市后，再以相同的方法得到每个省区市或地级市的排放量矢量图或每个地级市的排放量矢量图。结合人口数量矢量图，将排放量矢量图及人口矢量图同时输入InMAP模型，从而得到省域（或地级市）水平污染排放导致的本地区及其他地区的PM2.5浓度变化情况，即污染排放产生的本地区浓度变化及其他地区的污染溢出效应。

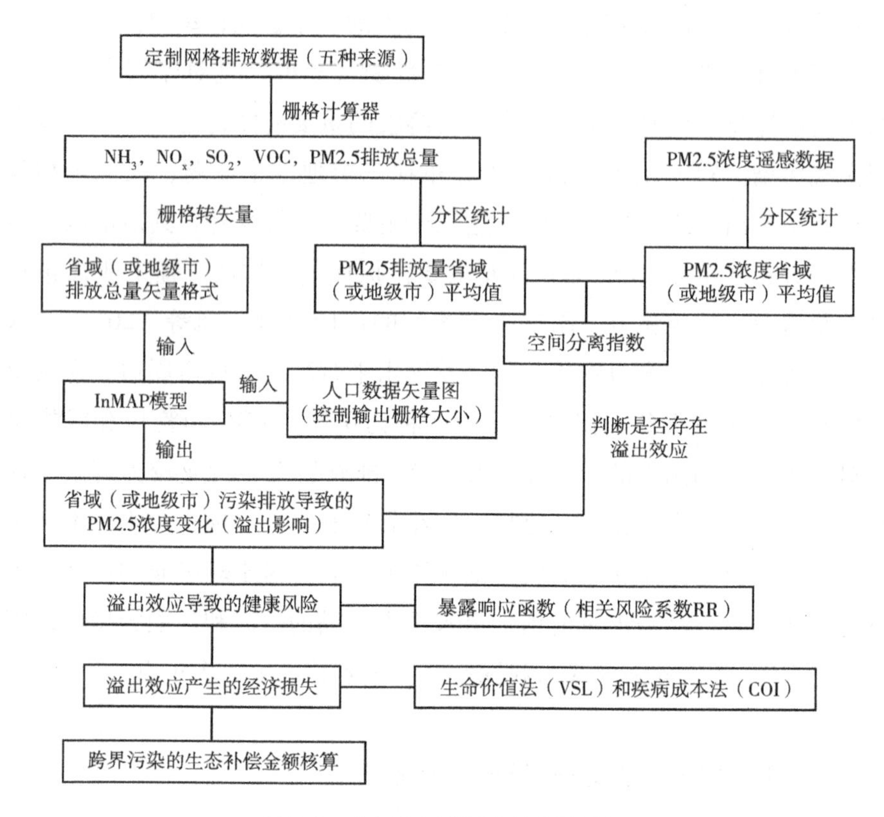

图 5.2　InMAP 模型运行流程框架

5.2　基于 InMAP 模型的污染溢出计算

5.2.1　PM2.5 的排放与污染空间错位

由于大气污染物的空间溢出效应，使大气污染的高值区和大气污染排放的高值区可能存在一定的空间分离。为了定量分析 PM2.5 排放与污染的空间错位问题，选择空间分离指数，构建 PM2.5 排放与污染的空间分离指数：

$$SMI = \frac{1}{2E}\left(\left| \frac{c_1}{c}E - E_1 \right| + \left| \frac{c_2}{c}E - E_2 \right| + \cdots + \left| \frac{c_n}{c}E - E_n \right| \right)$$
$$= \frac{1}{2E}\sum_{i=1}^{n} \left| \frac{c_i}{c}E - E_i \right| \tag{5.1}$$

从空间分离指数公式可以算出，PM2.5 排放与污染的 SMI 值为 98.698，说明 PM2.5 排放与浓度之间的空间不匹配现象极为显著。进而为了分析具体哪些城市的空间分离指数较大，而选择计算各城市的空间分离指数贡献度（R），公式如下（申俊，2018）：

$$R_i = \frac{\left(\frac{1}{2E} \left| \frac{c_i}{c}E - E_i \right| \right)}{SMI} \times 100\% \tag{5.2}$$

计算出各城市贡献度结果，选择排名前 20 位的城市绘制柱状图（见图 5.3）。

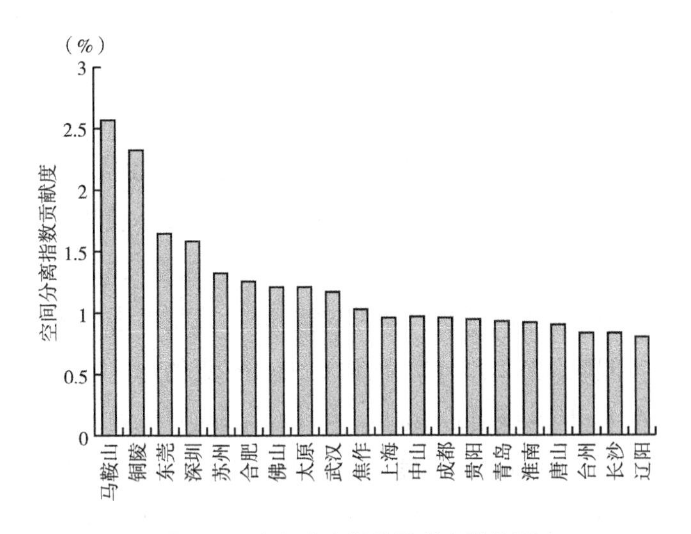

图 5.3　空间分离指数贡献度柱状图

从图 5.3 可以看出，空间分离指数贡献度排名前 20 位的城市多分布于中东部以及广东省部分城市，与直接使用排放量和浓度进行分类的结果存在一定差异。且通过对比这 20 个城市的浓度和排放强度可以看出，这 20 个城市全部都属于排放量较大，但相对排放量浓度小的污染溢出区，从目前来看，污染物的排放与浓度的空间分离指数较大的原因更多的是高排放地区的污染溢出造成的，特别是马鞍山、铜陵、东莞、合肥、深圳、武汉、苏州、焦作、太原、唐山这 10 个排放量居全国前 10 位的城市。这些城市因为人口密集居住、机动车保有量高、工业化水平高等原因，产生大量的 PM2.5 污染，由于扩散作用，在人为或大自然的作用下，开始向周边地区输送大量的污染物，使周边地区的 PM2.5 浓度升高，空气环境质量下降，考虑到排放公平和污染影响，需要定量计算这些地区具体造成多少空气质量的下降，以及空气质量下降对周边地区的居民造成的具体影响，需要给予一定量的补偿。

5.2.2 观测 PM2.5 浓度与模拟 PM2.5 浓度对比

将全国的排放量矢量数据输入 InMAP 模型中，得到由于发电、工业、生活、交通、农业五个来源的 NH_3、NO_x、PM2.5、SO_2、VOC 这五种污染物的排放造成的 PM2.5 浓度的变化，并与实际 PM2.5 浓度值进行对比。

InMAP 模型的输出结果是以矩形栅格形式表现的，但这些矩形栅格大小是不一样的，具体的栅格大小由人口密度大小和浓度变化梯度共同决定，人口密度越高的地区，输出结果的栅格越小，结果越精确，人口密度越低的地区，栅格越大，结果越粗略。这是考虑到本书是为了探究污染对人类健康风险的影响，所以在人口密集的地区需要更为精确的输出结果，在人口密度较低的地区，可以适当地降低输出精度，对估算结果的影响较小。而同时，浓度变化梯度越大，输出栅格越小，输出结果越精确。例如，高值区栅格间的浓度变化较大，此时栅格较小，可以较为精确地表达每个地区的 PM2.5 浓度变化，而低值区由于栅格间的浓度差异较小，栅格较大精度低。这样的设置不仅能使估算结果较为精确，同时也减少不必要的模型运行时间的浪费。

实际 PM2.5 浓度空间分布与 InMAP 模型估算的 PM2.5 浓度空间分布存在较大差异。实际 PM2.5 浓度高值区主要分布在中东部地区，特别是京津冀及其周边城市，而 InMAP 模型估算的 PM2.5 浓度高值区主要在中西部的四川、陕西和重庆，而京津冀地区的浓度相对较低。其他的次高区、低值区等的分布基本一致，次高区主要分布在中部地区、高值区的周边，低值区主要分布在西部地区、东北地区以及东南沿海地带。以上差异可能存在以下几个原因：第一，模型估算结果只考虑了五种人为源的排放产生的浓度变化，没有考虑到自然因素产生的污染物排放和其他人类活动产生的污染；第二，模型估计只考虑了五种污染物的排放，但实际过程中，PM2.5污染的物理化学反应涉及的污染物复杂且多样。

5.2.3 定量计算各地区污染物溢出量

（1）省域污染溢出量。

现以省级行政区为例，将31个省区市的排放量数据分别输入InMAP模型，得到各省区市污染排放的影响结果。为了进一步分析全国各省区市的空间溢出效应，将31个省区市的排放矢量图分别输入InMAP模型中，得到31个输出结果。进而为了定量计算每个省域对其他30个省域的具体影响值，将输出结果分别进行分区统计处理，得到每个省级行政区对其他30个省域的PM2.5浓度的影响值，并将这个31×31的矩阵式结果导入R，绘制污染空间溢出效应的热力图，见图5.4。

由图5.4可知，垂直单元格表示每个省域的污染物排放量对自己和其他30个省域PM2.5浓度的影响，水平单元格表示这个省域PM2.5浓度受到自己和其他30个省域污染物排放的影响结果。例如，垂直单元格第一列表示北京市的污染物排放对本市和其他30个省域PM2.5浓度的影响。水平单元格第一列表示北京市PM2.5浓度受本市和其他30个省域污染物排放的影响结果。总的来看，每个省域的排放量对本地PM2.5浓度的影响最大，其次是其距离较近的周边地区。例如，北京市的污染排放影响最大的就是北京市本地区及距离北京市较近的天津市和河北省。首先是对本地区的影响，上海市、重庆市和河南省的污染排放对本地PM2.5浓度影响最大，使本地区PM2.5浓度上升$20 \sim 30\mu g/m^3$。

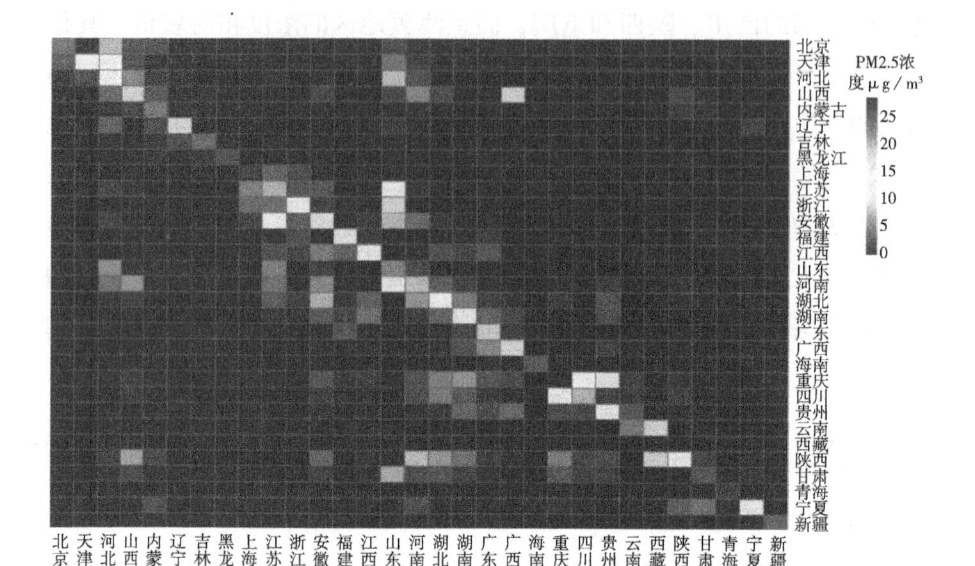

图 5.4 污染空间溢出效应的热力图

进而是对周边地区的影响，相较于其他省区市，山东省、江苏省和安徽省这三个省域对周边地区的影响较大，例如，山东省的污染物排放使其周边的河南省和江苏省 PM2.5 浓度均增加 10μg/m^3。

（2）城市水平污染溢出量（以京津冀为例）。

现以京津冀为例，将京津冀地区 13 个城市的排放量数据分别输入 InMAP 模型，得到各城市污染排放的影响结果。下面以北京市为例，绘制北京市污染排放 InMAP 模型的输出结果（见图 5.5）。

从图 5.5 可以看出，北京市的五种人类活动产生的污染排放主要导致北京本地和周边的天津及河北部分城市 PM2.5 浓度增长，随着距离增大，影响逐渐减小。北京市的污染排放对本地 PM2.5 浓度的影响最大，浓度变化超过 8μg/m^3 的高值栅格均位于北京市内，次高值栅格分布在高值栅格周边，占据面积增大，为大部分的北京市区、小部分的天津市区和廊坊市。随着浓度变化再小一点的中值区，占据面积进一步增加。包括本经北京本市一部分区域，近半的天津市，以及廊坊市、唐山市、承德市、保定市的小部分区域，总的来看，北京市的污染排放只对

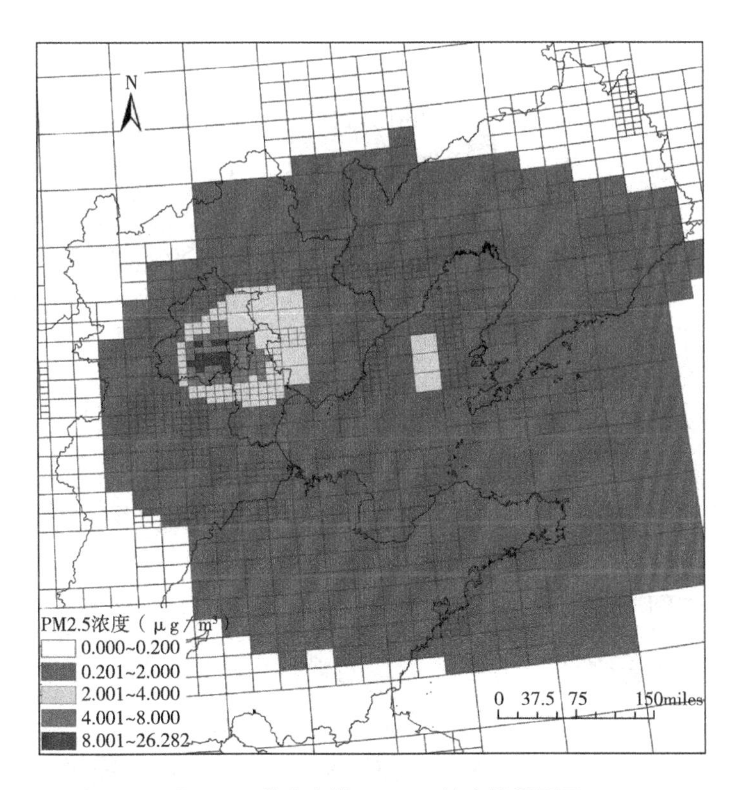

图5.5 北京市的InMAP输出结果展示

其周边的城市地区影响较大。

为了进一步核算京津冀地区13个城市之间的污染溢出效应情况，分别将13个城市的污染物浓度变化来源绘制扇形图（见图5.6）。由图5.6可以看出，大多城市的PM2.5浓度变化来源于本地污染物的排放，特别是邯郸和石家庄，本地污染物排放产生的浓度变化超过50%，其中比较特殊的是廊坊，由于位于整个京津冀地区的正中，受到周边城市北京、保定等的影响都很大，无法直接判断哪个城市或哪几个城市对其影响最大。

进而对周边地区的影响最大的是石家庄和唐山两个城市，这两个城市为整个京津冀地区的排放高值区，影响范围广且影响程度较大，由图5.6可以看出，石家庄对保定、沧州和衡水的影响都较大，而唐山对秦皇岛、承德和衡水的影响均较大。

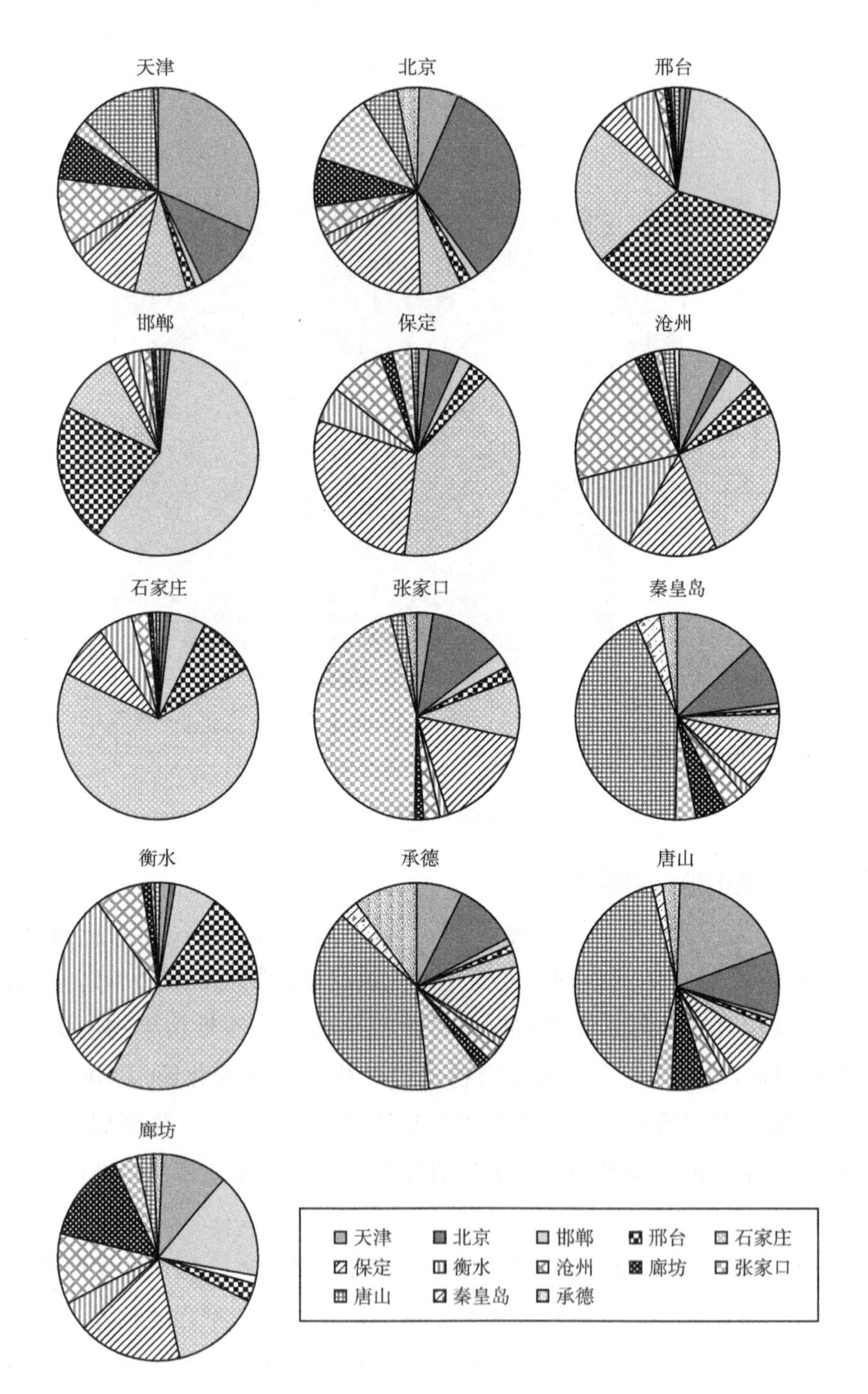

图 5.6 京津冀地区污染来源扇形图

5.2.4　PM2.5污染受外来源影响核算

（1）省域跨界传输。

为了进一步分析污染物溢出效应带来的巨大影响，选择对31个省区市相互传输矩阵计算，得到31个省区市总PM2.5浓度值，由本地区污染物排放导致的浓度变化以及由其他省区市污染物排放导致的浓度变化，并计算31个省区市的由外来源污染产生的浓度变化占总浓度变化的比例，按从高到低排序并画柱状图（见图5.7）。

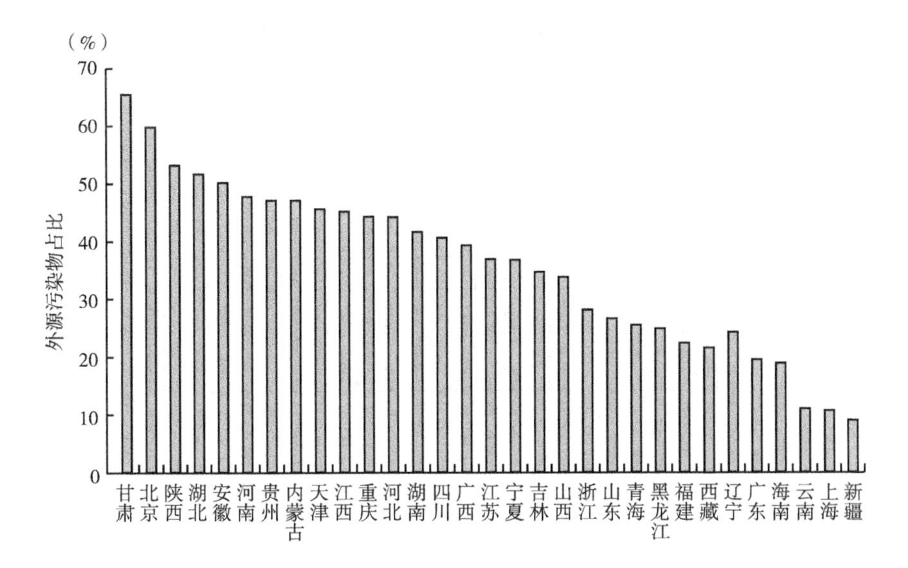

图5.7　外来源污染影响占比

由图5.7可知，超过半数省区市的外源污染物影响占比都高30%，特别是北京、湖北、陕西、甘肃，外来源污染物造成的PM2.5浓度变化甚至超过50%，最高的甘肃，外来源污染物造成的PM2.5浓度变化高达85%，说明这些省区市由于分布在高污染排放地区周边，从而被迫接受了从高排放地区的污染物传输。例如，湖北由周边安徽和河南两个省的污染物排放带来的PM2.5浓度变化分别为7.28μg/m³和6.22μg/m³，占据总污染物浓度变化的14.43%和12.33%。其他的中东部地区如安徽、江西、河南、湖南等省域，外来源污染带来的污染物浓度变化也相对较为显著。

（2）地级市跨界传输（以京津冀为例）。

为了精确了解地级市层面上外来源占比，选择京津冀 13 个城市的相互传输矩阵，得到城市浓度变化具体有多少来自周边地区的影响。因为此时固定探讨京津冀的 13 个城市，所以排除京津冀周边的山东、山西和河南等地区的影响，计算 13 个城市由外来源污染产生的浓度变化占总浓度变化的比例，按从高到低排序并画出柱状图（见图 5.8）。

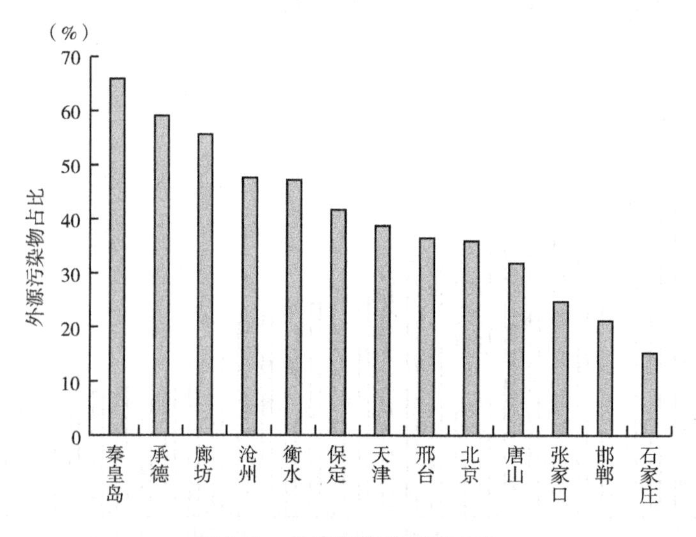

图 5.8　外来源污染影响占比

如图 5.8 所示，首先，从比例上来看，由于城市之间距离更近、范围更窄，由于自然和人为因素影响而产生的污染物溢出效应相对距离较远、范围较广的省域来说更为显著，外源污染物占比甚至高达 68%，且仅有三个城市的外源污染物占比低于 300%。其次，因为此时固定探讨京津冀的 13 个城市，所以京津冀周边的山东、山西和河南等地区的影响被忽略了，使靠近这些省域的邯郸、石家庄、张家口等计算出的外源污染物占比较小。北京和天津两个城市由于被河北其他地级市包围着，其来自河北的外源污染占比也分别高达 35%、38%，因此，可以看出区域联防联控、共同治理的必要性和不可或缺性。

5.3　经济补偿金额核算

5.3.1　污染溢出导致的健康风险

（1）省域健康风险。

污染物的跨界传输使部分地区的污染物浓度上升，而这些外来源污染物的增多也使当地居民的健康风险面临更大的挑战。因此本书选择暴露响应函数和5.2.2小节中污染空间溢出导致的PM2.5浓度变化的结果，定量计算由于污染溢出而导致的各省区市的不同健康终端变化。先选择外源污染占比较高且人口密度较大的湖北省为例，绘制本地和其他省区市污染排放对湖北省健康终端变化（见图5.9），同时选择对其他省区市影响较大的安徽省，计算安徽省的污染排放对本地周边其他省域

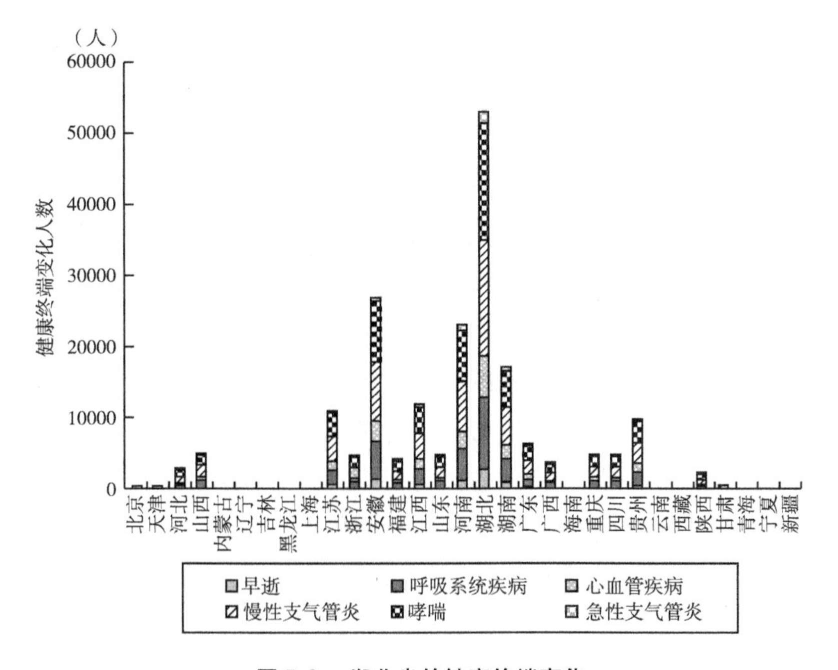

图5.9　湖北省的健康终端变化

的健康终端的影响，绘制健康终端变化图（见图 5.10）。

从图 5.9 可以看出，湖北省的健康终端变化主要受本省污染物排放的影响最大，其他就是受到周边省域的江苏、安徽、河南以及湖南的影响最大。例如，距离最近的安徽、河南、湖南三省的污染溢出造成湖北省的健康终端变化总人次均超过 2000 人次。考虑到居民的健康权和排放公平等，这些省域必须给予湖北省相应的补偿，以弥补污染的空间溢散带来的健康风险。从不同的健康终端变化人次来看，慢性支气管炎和哮喘的发病率最高，这两类疾病是长期暴露于高浓度污染空气中导致的疾病，进而是因为呼吸系统疾病和心血管疾病导致的住院治疗，人次变化最少的是早逝以及短期暴露于高浓度污染环境而导致的急性支气管炎。因此，长时间暴露于污染的环境下会对人类的身体健康造成极大的威胁。

为了观察全国所有省域的健康终端变化，选择计算出所有省区市的健康终端变化情况，以所有健康终端变化总人数为指标，计算出：第一，每个省区市的污染排放对本省和其他省区市造成的总健康终端变化人次；第二，每个省区市的健康终端变化分别受哪些地区的影响，并绘制健康终端变化及空间解析图（图 5.10 上方图为每个省区市污染排放造成的总健康终端变化人次；下方图为每个省区市的健康终端变化分别受哪些地区的影响）。

对比图 5.10 上下两图可以看出，总的来看，污染排放造成全国 31 个省区市最多健康终端变化的是河南省、四川省、山东省和江苏省，而本省健康终端变化最大的为山东、河南、江苏、安徽四个省。相对来说，由于人口密度较高、污染物排放量较大、空气质量相对较差等原因，山东省、河南省、江苏省既是造成健康风险最大的地区也是本地健康风险最大的地区，这类地区必须成为考虑健康风险的污染物排放控制的最重要区域。其他的如四川省因为污染物排放较多，对周边省区市的影响较大，但周边地区对其健康影响相对较小。反之，安徽省由于位于山东、河南、江苏三省之间，受到周边地区污染排放的影响较大，健康终端变化较大，但本地由于污染排放量相对小，因而对周边的健康影响相对较小。这也与污染的排放与浓度出现空间分离密切相关。

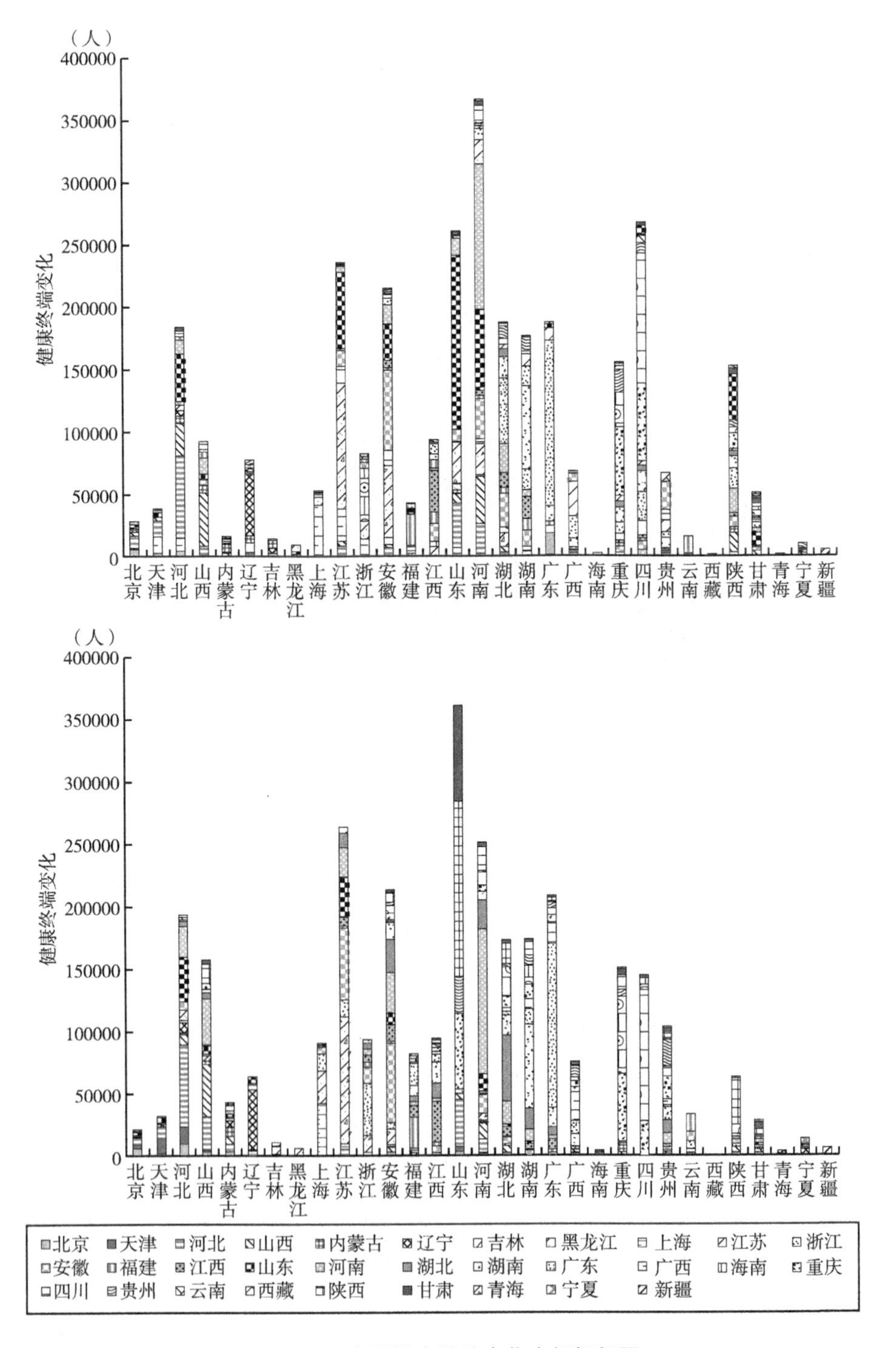

图5.10　全国健康终端变化空间解析图

（2）市域健康风险（以京津冀为例）。

为探究地级市水平污染物溢出带来的健康风险，由 5.2.3 小节中计算出的京津冀地区空间溢出量结合暴露响应函数来进一步计算出这些污染溢出在 13 个城市分别带来的健康终端变化，并绘制热力图（见图 5.11）

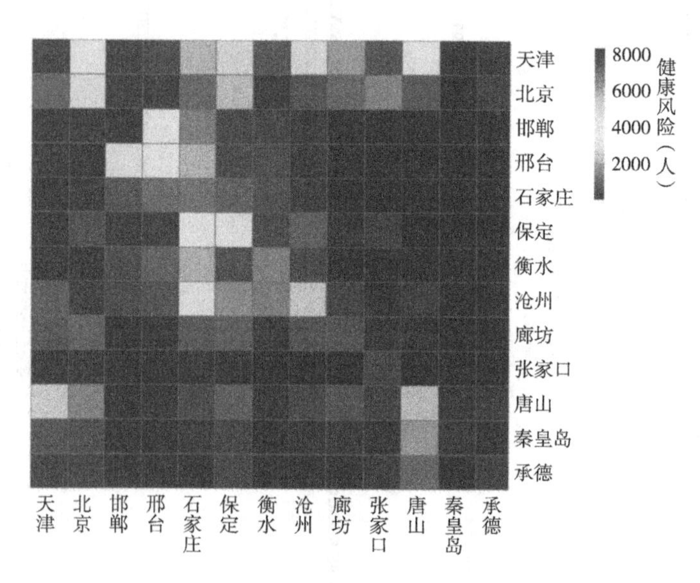

图 5.11　京津冀地区 PM2.5 相关健康风险热力图

从图 5.11 可以看出，大多数城市的污染排放都对本地区健康终端影响最大，其中天津与邯郸的健康终端变化均高于 8000 人次，但其中秦皇岛和承德两个城市，由于距离唐山较近，且唐山市人口密度较大等原因对唐山健康的影响大于对本地区的影响。除去对本地的影响外，石家庄是对周边地区影响最大的城市，对整个京津冀地区共造成近 2.5 万人次的健康终端变化，特别是距离石家庄最近的保定，高于 4000 人次，其他的天津、邢台、衡水、沧州也均高于 2000 人次。总的来看，健康终端变化最大的是天津市，这固然与天津人口密度较大相关，但更多的是由于天津相对北京被高排放量城市如唐山、沧州等城市包围着，又因为风向问题，这些城市的大量污染都传输到天津，使天津的空气质量进一步恶化。

5.3.2　污染溢出导致的经济损失

（1）省域经济损失。

根据前面计算出的由污染溢出效应导致的健康终端变化结合5.3.1小节中健康终端单位经济损失，分别计算出31个省区市由于污染的空间溢出效应带来的经济损失，减去污染排放对本地区健康影响带来的经济损失，绘制经济损失热力图（见图5.12）。

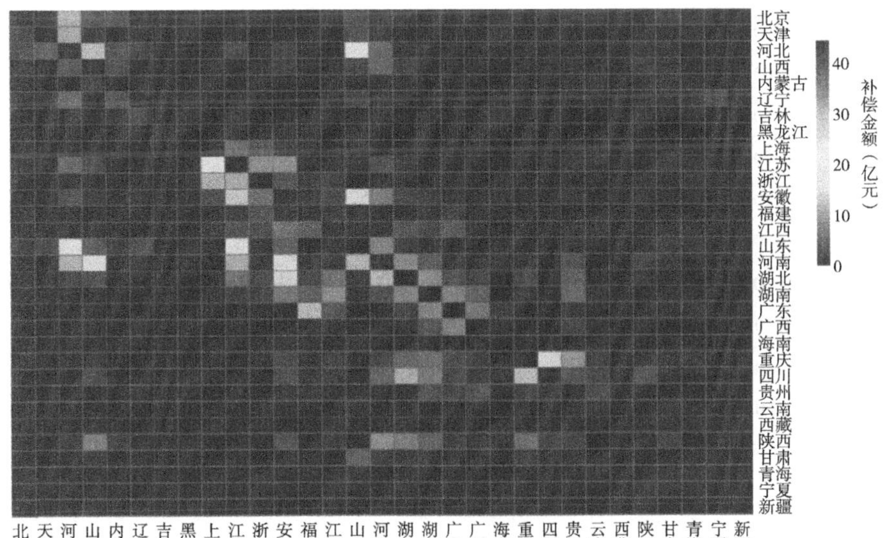

图5.12　污染空间溢出导致的经济损失热力图

在图5.12中，每一列表示这个省域的污染物排放对其他地区健康影响带来的经济损失，或者可以说是这个省域需要向其他30个省域支付的补偿金额，每一行表示这个省域因为其他省域污染排放而产生经济损失，也即需要被补偿的金额。由图5.12可知，支付补偿金额最高的是山东，需要向江苏补偿超过35亿元，需要向河南补偿超过20亿元，其次是江苏，需要向安徽支付将近20亿元。而需要被补偿的最高省域是河南，其次是江苏，从中可以看出江苏既需要支付大量的补偿金额，同时也应该被补偿大量金额，因此为了解具体哪些地区需要被补偿，哪些地区需要支出补偿金额，分别计算每个省域因为污染溢出而产生的总经济损失（应该支付的补偿金额，不包括造成本地健康风险的经济损失）和每个省域因为受到其他地区污染溢出而产生的经济损失（应该被补偿的金额），并计算出净补偿金额，绘制经济补偿金额曲线图，将各省区市的净经济补偿金额进行可视化（将金额小于2亿元的省区市视为基本持平区），如图5.13所示。

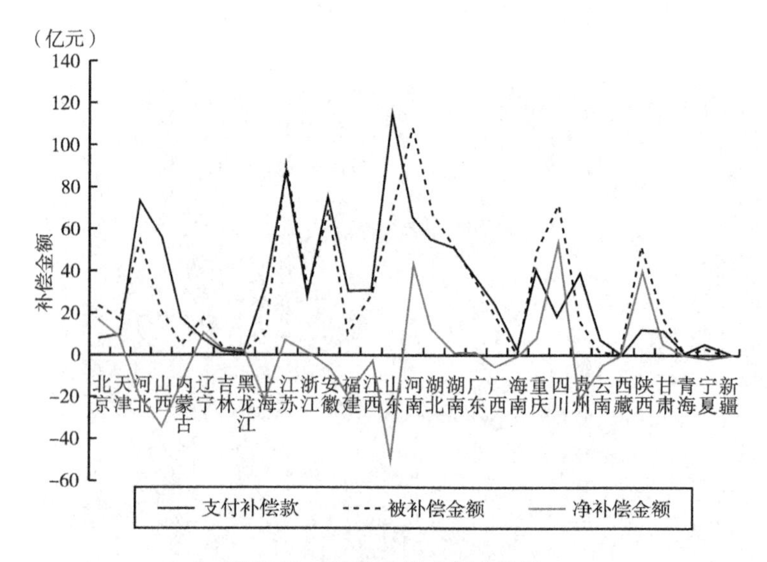

图5.13　经济补偿金额曲线图

从补偿金额来看，支付补偿金额最高的省域为山东、江苏、河北、河南和湖北，而被补偿金额最高的省域为河南、江苏、四川、安徽，得到净补偿金额最高的为河南、四川和陕西，可以被称为被补偿区。而支付净补偿金额最高的省域为山西、上海和山东，称其为补偿支出区。剩下的许多地区的净支付金额基本持平，即支付的补偿金和被支付的补偿金额近似，我们称其为基本持平区。从空间分布特征来看，三种类型的地区均表现出一定的空间集聚，补偿支出地区主要分布在中东部和西南部省域，而被补偿区主要分布在中部和西部。补偿支出地区和被补偿区相邻分布，被补偿区集聚分布在补偿支付区中间，被补偿支付区包围着。持平区主要分布在西部、东北和东南地区。

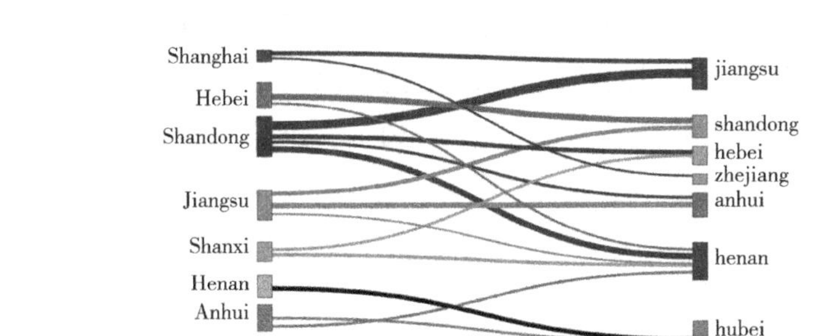

图 5.14 经济补偿桑基图

为了进一步分析补偿的流动方向，选择使用简化桑基图绘制补偿流量及流向图（见图 5.14）。桑基图由三个元素组成：节点、线和路径。左边的节点代表每个省级行政区需要支付的赔偿金额，右边的节点代表每个省级行政区收到的赔偿金额。线的宽度用来表示它们的大小，这意味着线越宽，从左向右流动的补偿金额越大。从流向和流量来看，经济补偿最高的流路是山东至江苏、河南、河北和安徽。其次是江苏对安徽、山东和河南的补偿。其他流动路径包括河北到山东和河南，重庆到四川等。总的来看，流量较大的路径大多发生在邻近省份之间。

（2）市域经济损失（以北京、天津、石家庄为例）。

根据前面计算出的由污染溢出效应导致的健康终端变化并结合 5.3.1 小节中健康终端单位经济损失，分别计算出京津冀 13 个城市由于污染的空间溢出效应带来的经济损失，进一步根据每个地区经济损失补偿来源（减去本城市自己造成的经济损失）计算每个城市应该补偿金额的百分比，绘制补偿金额来源柱状图（见图 5.15）。

由图 5.15 可知，接收来源于其他城市补偿金额最多的城市为秦皇岛和承德，结合前面的污染溢出核算可以看出，这两个城市受周边城市影响较大，且相对于其周边城市，人均收入较高，就医和误工成本较大，所以周边地区的污染溢出到这两个城市会造成更大的经济损失，如天津和北京这两个城市的补偿来源超多，50%来源于唐山。同时，石家庄、保定和唐山需要支付的赔偿金额在大多数城市占比较大，如保定和衡水，石家庄占据总补偿金额来源的仅 50%，也就是说，对于保定和衡水来说，这两个城市大部分的补偿金额来源于石家庄。其他的还有保定，由图 5.15 可知，保定市需要对几乎每个城市都给予 10% ~20% 补偿金额，影响范围最广。

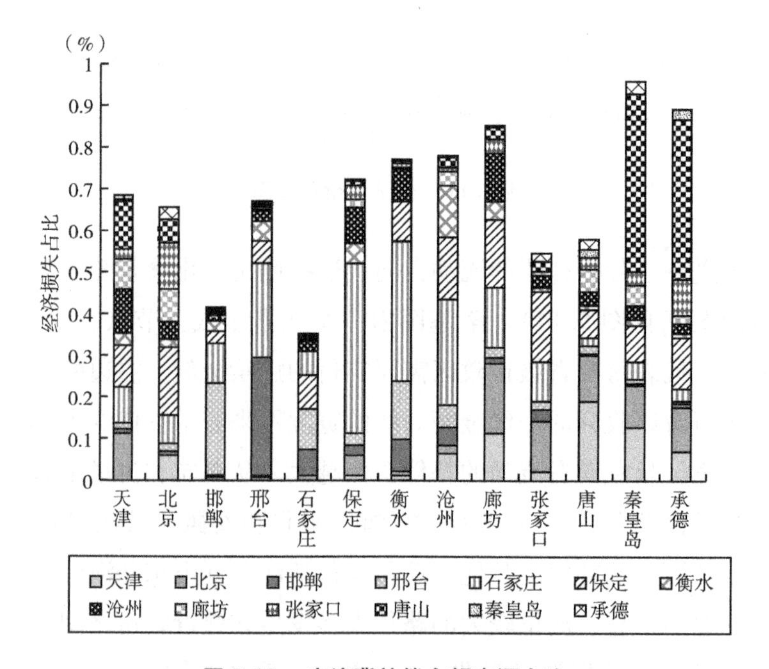

图 5.15　京津冀补偿金额来源占比

5.4　不同城市化水平下经济补偿的差异分析

5.4.1　不同城市化下的经济补偿金额

为探寻不同城市化水平下的经济补偿金额的差异情况，本书结合方创琳等对中国城市化发展阶段的划分（方创琳，2014），将人口城市化率划分为（<45%，45%～55%，55%～70%和>70%）不等距的四个阶段，分别绘制健康问题和经济损失箱状图，并对不同阶段的平均值进行对应的城市化率关系拟合，如图 5.16（上方为应支付的额补偿金额，下方为被支付的补偿金额）所示。

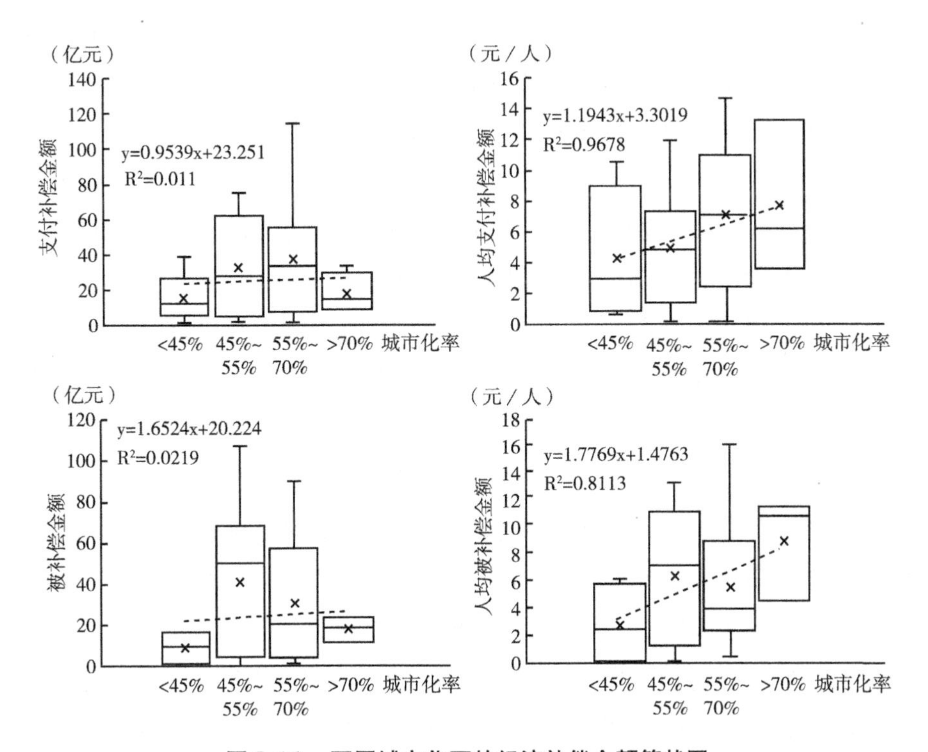

图 5.16　不同城市化下的经济补偿金额箱状图

总的来看，总的经济补偿无论是应支付的补偿金额还是被支付的补偿金额与城市化率的拟合效果均不好，但一旦转化为人均补偿金额和人均被支付的补偿金额，与城市化率的拟合效果极佳。首先，从支付补偿金额来看，是与城市化率拟合效果最差的变量，因为支付补偿金额更多的是与地区污染物排放、周边地区的经济发展水平和人口密度相关的。随着城市化率的增加，支付补偿款的平均值先上升后下降，且城市间的差异逐渐增大，在城市化率位于 55%～70%时，城市间的差异达到最大，这说明在这个阶段中，因为自然或经济的原因，使地区污染排放出现较大差异。虽然也表现出随着城市率的增加、补偿金额上升的状态，但在城市高于70%的特大城市，因为这几个城市相对来说，占地面积更小，人口总量和排放总量较小，因而需要支付的补偿款较低。因此我们进一步选择用人均支付补偿款与城市化率拟合来观察相关关系。从人均支付补偿金额来看，与城市化率相关关系显著，人均补偿金额随着城市化率的增加而增大。在城市化率低于45%时，大多数城市位于中间两个四分位，说明在城市化率较低时，城市间的人均补偿金额差距不大，位于上下两个四分位的城市较少，但上下两个四分位的值均较大，甚至大于45%～55%位于同一位置的大部分城市，这可能是因为城市化率较低的地区，人口密度较低，因此计算人均支付会增加每个人的压力。

从被补偿金额来看，最大值出现在城市化率为45%～55%时，此时极大值和极小值差距最大，城市间的被补偿金额差异也是最大的，说明城市化率在这个阶段，总体上很多城市受到周边地区污染溢出的而影响最大，又因为人口密度大等原因，健康风险较大，对于这一类城市，必须加强相关健康卫生服务，使农村或偏远地区的人们依旧可以享受到优质的卫生保障。为了降低人口总量和地区面积的影响，选择人均被补偿金额与城市化率进行拟合，可以看出城市化率位于45%～55%时的平均值依然高于55%～70%时，说明在城市化率位于这个阶段的城市，因为位于经济发达地区周边、污染排放较高的地区周边等原因，接受了最多的污染溢出，健康风险和经济损失都很高，是最需要被补偿且最需要加强健康卫生服务的地区。

5.4.2 分区管控

为进一步深入探究不同城市化水平下由于污染溢出产生经济补偿金额的差异，本书以城市化率为横轴、各省区市净补偿金额为纵轴，横坐标和纵坐标的交叉点为（57，0）（全国城市化率平均值为57%，以及净补偿金额为0，意味着这个城市补偿与被补偿金额相等），将各地级市分为四个大类（见图5.17）。为了使各分类的省区市都更具有代表性，将净补偿金额小于2亿元的城市单独列为一类，并将分类结果绘制（见表5.1）。其中，Ⅳ象限为类型A，表示城市化率均低于全国平均水平且受到污染较多的需要被补偿的地区，为低城市化率，但受到污染较多，经济损失较大的地区；Ⅲ象限为类型C，这个类型的城市虽然城市化水平低，但排放大量的污染物，并且向外围扩散，严重影响周边地区的居民的健康，带来较多的经济损失，具有较为严重的污染和经济损失，是需要进一步探讨其产业结构的地区；Ⅰ象限对应B类型，是城市化水平较高，且需要被补偿的地区，这些城市本身的发展并没有带来很多污染排放，反而是受到周边地区的影响较多，对于这样的地区，应该是整个生态补偿机制最得力的拥护者；Ⅱ象限为类型D，是必须最重点关注的地区，因为这些地区经济发达，人口分布密集，污染排放量较大，且周边地区也是类似的地区，对本地和周边地区都带来了较大健康风险和经济损失。最后一类就是净经济损失绝对值小于2亿元的E类省域，这类地区在污染和被污染、支付补偿金和被补偿金之间保持着微妙的平衡，从城市率来看，大多位于低城市化率阶段，说明这些地区位于一个污染排放相对较少，人口密度小，经济也不发达的地区，是较为安全的地区。

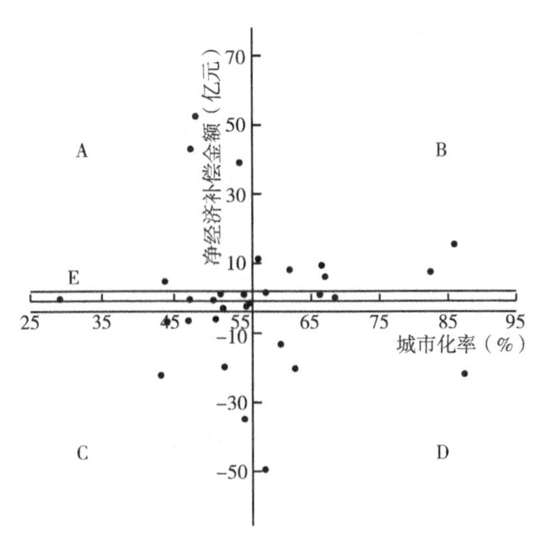

图5.17　城市类型划分

表 5.1　　　　城市类型划分具体结果

城市类型	城市名称
A 类型城市	河南、四川、陕西、甘肃
B 类型城市	北京、天津、辽宁、江苏、湖北、重庆
C 类型城市	河北、山西、安徽、江西、广西、贵州、云南、宁夏
D 类型城市	内蒙古、上海、福建、山东
E 类型城市	吉林、黑龙江、浙江、湖南、广东、海南、西藏、青海、新疆

针对不同类型的城市，给出以下不同的政策建议。

A 类型的城市主要分布在中部和西部，包括河南、陕西、四川和甘肃，这些省域虽然城市化率低于全国平均水平，但人口密度相对较高，同时又受到来自周边地区污染物溢出的影响较大。针对这几个省域，最主要的是要加强与周边地区的联防联控合作，加强区域污染管制，因为对这类地区而言，自己本身污染物排放造成的影响小于周边地区对其影响，最主要是控制外源污染物的来源。对于健康卫生服务方面，必须要求被补偿金额用于雾霾污染相关疾病的配套设施、医疗保障、卫生服务，加强医疗卫生服务，降低相关疾病的医疗成本，使贫困或发展水平较低地区的人们能够及时获得医疗服务。

B 类型的城市主要有北京、天津、辽宁、江苏、湖北和重庆。这类地区城市化率高，经济发展相对高于全国平均水平，使医疗成本、误工成本都相对较高，其周边地区的污染物溢出到这些地区会造成更大的健康风险和经济损失。对于这一类的城市，不仅要积极参与区域联合作战，还可以给出奖励和惩罚政策“二合一”的对赌政策，激励周边地区降低污染排放，从而减少外源污染物。例如，京津冀地区，河北排放的污染物质进入北京和天津境内，由于人口密度较高，经济较为发达，使这些溢出的污染物质带来更多的健康终端变化，也带来更多的经济损失。但北京和天津可以与河北制定对赌协议，一旦河北完成了减排目标，那么由北京、天津给出奖励，但如果没有完成，则需要对河北进行惩罚。这样可以刺激和鼓励河北省加大污染监管和环境治理力度。同时，这些地区的公共卫生政策应重点降低与 PM2.5 相关疾病的医疗费用。提倡健康生活方式是帮助人们保持健康的必要和有效方法。

对于 C 型城市，主要包括河北、宁夏、山西、安徽、江西、贵州、广西和云南。这一类型的地区，城市化率不高，但污染物排放较大，特别是污染溢出效应显著，给 A、B 两个类型的城市造成了较为显著的影响，是最需要关注的关键地区。对于这类地区，产业结构调整与污染减排是永恒的主题。目前，中国处于工业化和城市化不断发展完善的过程，且高能耗和高污染的发展模式仍然是目前城市发展的主旋律。对于这些地区，现阶段首先应该加大监控和治理力度的城市，核查其减排政策措施落实情况、重点项目完成情况和监测监控体系建设运行情况，并考虑以经济惩罚、行政约谈等手段进行违规排放责任处理，同时特别需要注重机动车及生活源污染防治。

D 型城市，城市化水平高，需要支付的补偿金额也较高，包括山东、上海、福建和内蒙古。这四个地区都不在边境线或东部沿海，这样的地区不易受到周边地区的影响，但本地的排放一旦过大，会影响周边地区，特别是内陆地区。对于此类地区，要降低其带来的污染影响，最主要的是在季节性影响内陆环境时，加强监控力度，加大治理投资。而在非影响季节，可以将一年的排放总量尽可能集中排放。

第6章 补偿机制构建研究

6.1 跨界污染补偿机制的框架梳理

6.1.1 大气跨区域污染生态补偿的复杂性

相对于流域的跨界污染，大气因为流动性更强，物理化学反应更复杂多变，使生态补偿的核算更为复杂。大气污染物的变化具有较强的季节性和不确定性，受地域、风向等多种因素的影响，具有不可控制性和预测性。首先，从自然角度，因为污染接收区与污染溢出区的气象条件、外部环境等自然因素的差异，使相同的污染物排放，在不同的地区导致的污染浓度变化不同。其次，从经济角度，因为污染接收区与污染溢出区的人口密度和经济条件不同，相同的污染浓度变化会导致不同的健康风险和经济损失。考虑到这两个复杂的原因，我们无法通过厘清污染物从排放、溢出、污染到影响的全过程，因此只能分别从源头和结果两个方向去构建大气污染的补偿机制。一是从源头出发，就排污权角度而言，排放超出既定数值后就必须支出一定的金额购买其他地区的排污权，即基于污染权公平的生态补偿模型构建；二是从结果出发，核算污染排放已经造成的经济损失情况，必须对已经造成的经济损失进行补偿，即基于健康权公平的生态补偿模型构建。

6.1.2 大气跨界污染补偿的基本框架构建

在对大气跨区域污染生态补偿的必要性和复杂性进行分析之后，本书整理包括生态补偿的政策、流域补偿的案例及政策、大气生态补偿的试点案例、国外大气跨界补偿的机构设置及运行方式。以国内现有的生态补偿框架和流域生态补偿制度为基础，本书借鉴国外特别是欧洲地区关于大气污染生态补偿机制的运行模式，以实证研究的计算结果为数据支撑，考虑跨界污染的特征形式以及大气污染跨界传输的复杂特性，构建适应于中国经济发展和污染现状，并且针对大气跨界污染的生态补偿机制。具体的补偿框架见图 6.1。

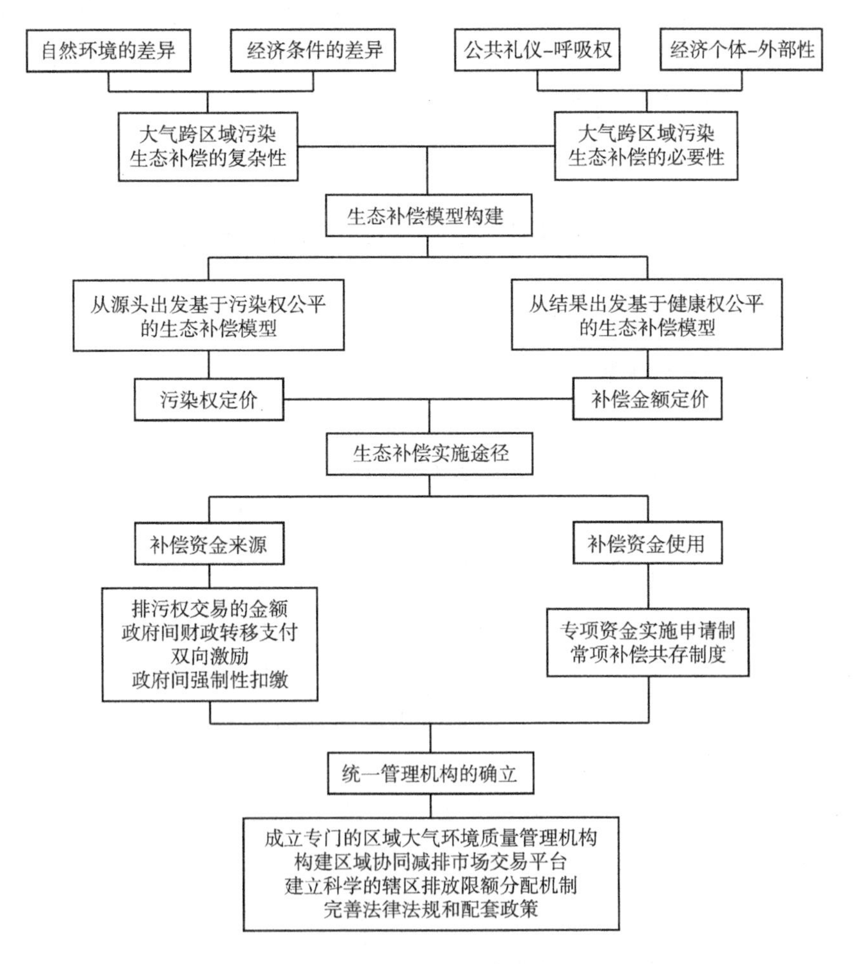

图 6.1　大气跨界污染补偿的基本框架

首先，大气跨区域污染带来的巨大影响和社会公平、公共健康等问题的探讨，必须让学术界及社会大众了解到大气跨区域污染生态补偿实施的必要性。同时，大气跨区域污染生态补偿因为各省区市的自然环境和经济条件的千差万别，使补偿机制的构建过程极为复杂。其次，本书分别从源头和结果两个方向构建大气污染的补偿机制，即构建从源头出发的基于污染权公平的生态补偿模型和从结果出发的基于健康权公平的生态补偿模型，并从前景介绍、基本模型分析、单位污染权（单位补偿金额）定量定价几个方面详细介绍两种生态补偿机制的机理。最后，根据上述两种补偿机理结合现有政策方向和已有研究结果，分别从补偿资金来源、补偿资金使用方式以及统一的管理机构确立三个方面来详细阐述生态补偿机制实施方案。

6.2 基于污染权公平的生态补偿模型构建

6.2.1 基本模型

首先，从源头出发的生态补偿机制，也即从污染权公平的角度构建生态补偿机制。其核心在于强调了全国所有居民均有适当的“污染权”，即当所有省区市都在进行污染排放时，部分省域由于经济发展水平、产业结构调整抑或是环境管制等原因，污染排放低于限制水平，即放弃了部分“污染权”，也即，为了更高的环境标准而放弃的机会成本，这部分机会成本可以视作污染溢出区需要向污染接受区支付的生态补偿金额（魏楚、沈满洪，2011）。

设定人均 GDP（rGDP）与人均污染量（rEmission）之间存在一定的函数关系：

$$rEmission = f(rGDP) \tag{6.1}$$

其次，依据函数关系计算出每一年的“平均”人均污染量，也即，处于正常发展状态下，与该经济发展水平相对应的污染权：

$$rEmission_t^* = f(rGDP_t) \tag{6.2}$$

再次，污染接收区实际产生的人均污染水平 rEmission 是已知的，每年污染接收区由于生态保护和生态建设所丧失的污染权为：

$$\Delta rEmission_t = rEmission_t^* - rEmission_t \tag{6.3}$$

$$Q_{E,t} = POP \times \Delta rEmission_t \tag{6.4}$$

最后，计算污染溢出区需要给予污染接受的补偿金额，还要确定单位污染权的定价，也即，放弃单位污染排放量需要被补偿的价值 P：

$$V = P \times Q_{E,t} = P \times POP \times (rEmission_t^* - rEmission_t) \tag{6.5}$$

6.2.2　补偿分区及污染权定价

(1) 补偿分区。

首先，分别计算出 2008 ~ 2016 年各省级行政区人均 PM2.5 排放量，并绘制人均排放量曲线图（见图 6.2）。

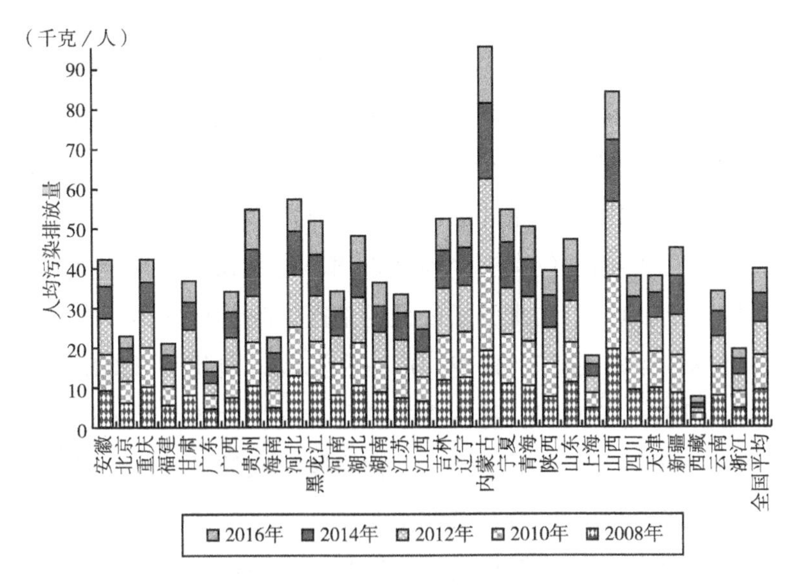

图 6.2　人均排放量变化曲线图

由图 6.2 可知，人均排放量最高的为内蒙古，最低的为西藏，中间较粗的一条线为全国人均排放量。可以看出，全国大部分城市的人均排放量之间差距不大，仅有内蒙古和山西的人均 PM2.5 排放量远高于其他地区，而西藏的人均 PM2.5 排放量远低于全国其他地区。从时间变化来看，全国基本所有城市的人均排放量 2008～2016 年都是逐年下降的，仅有贵州、河北等地出现了先增加后又逐年下降的趋势。

为了了解全国哪些省域是污染接收区，哪些是污染溢出区，以人均排放量高于全国水平的为污染溢出区，人均排放量低于全国水平的为污染接受区为判断（以 2016 年人均排放数值为判断依据），绘制人均排放量分类表（见表 6.1）。

表 6.1　　　　人均排放量分类结果

人均排放量（kg/人）	城市名称
-9.000～-2.000	内蒙古、山西、贵州、黑龙江、宁夏、青海、吉林、河北
-2.001～0.000	辽宁、新疆、湖北、山东、安徽、陕西
0.001～1.000	河南、云南、四川、广西、甘肃、湖南、重庆
1.001～2.000	天津、江西、江苏
2.001～4.000	西藏、上海、广东、浙江、北京、福建、海南

总的来看，人均排放量高于全国平均水平的地区大多分布在北方地区，而南方大部分地区低于全国平均水平（见表 6.1）。具体来看，北方地区仅有四个地区也就是北京、天津、甘肃和河南的人均排放量低于全国总体水平。而南方仅有三个地区贵州、湖北和安徽高于全国平均人均排放量。特别地，人均排放量最低的地区，除北京外均分布在东南沿海地区，包括上海、浙江、福建、广东和海南。因此可以得出结论，北方地区的大规模、长时间、重污染的雾霾天气很大的原因还是人均排放量较高。在大气污染质量的提升中，污染物排放的总量控制依旧需要成为最主要的把控手段。同时，类似于北京、天津地区，本地的人均排放量降低，但由于周边地区的排放量均较高，污染物的空间溢出效应也饱受着雾霾污染的困扰。这些地区相对于其他北方地区必须给予一定的补偿，同时也将成为地区间联防联控的主要推动者。

（2）污染权定价。

如果使污染权可以进行买卖，就必须先给污染权进行定价，因而我们需要计算污染价格 P，本书选用单位污染物排放的 GDP 产出来进行表示。选取人均 GDP 为被解释变量 Y，PM2.5 排放量为解释变量，由于内生关系的复杂性，污染物质量政策改变及技术进步等原因，Y 与 X 是非线性关系，用 a 代表污染治理和技术随时间变化的参数（王洁方、冯舒琪，2019），即：

$$rEmission = k \times rGDP^{\partial} \tag{6.6}$$

剔除对治理政策和技术的影响，k 为单位污染排放量对应的国内生产总值。同时，根据 $\Delta rEmission_t$ 计算 31 个省区市的总补偿金额，值为负则证明应该支付补偿款，值为正则只牺牲了发展排放权，应该被补偿的金额（见表 6.2）。

表 6.2　　各省区市 2016 年补偿金额核算

省域	$\Delta rEmission_t$（kg）	单位排放量产值（万元/吨）	补偿金额（亿元）
安徽	-0.90270291	41.069	-229.70496
北京	3.043165674	109.37	723.241828
重庆	0.077359865	97.58	23.008668
福建	2.878977706	34.37	383.334097
甘肃	0.529742262	22.796	31.518372
广东	3.379773572	85.726	3186.78943
广西	0.703481487	23.867	81.2299844
贵州	-4.305564028	24.75	-378.83043
海南	2.130722177	113.68	222.116196
河北	-2.062217318	22.045	-339.59801
黑龙江	-2.751029458	49.108	-513.23561
河南	0.913874046	41.92	365.167107
湖北	-1.212426691	68.624	-489.64124
湖南	0.23730646	67.849	109.841063
江苏	1.04290468	93.782	782.347688
江西	1.405133256	68.327	440.871215

续表

省域	$\Delta rEmission_t$（kg）	单位排放量产值（万元/吨）	补偿金额（亿元）
吉林	-2.063807076	17.774	-100.2522
辽宁	-1.696253319	40.476	-300.58275
内蒙古	-8.409183272	48.243	-1022.3243
宁夏	-2.404763622	43.233	-70.176473
青海	-2.239497618	19.339	-25.682619
陕西	-0.242407132	36.598	-33.827473
山东	-1.050791307	74.291	-776.50596
上海	3.807425734	110.27	1016.0245
山西	-6.13042624	57.921	-1307.4061
四川	0.719833008	41.751	248.304065
天津	1.472494173	94.146	216.53918
新疆	-1.242113603	21.883	-65.18045
西藏	4.170642358	25.29	34.9124055
云南	0.909795203	47.549	206.392754
浙江	3.184944504	74.95	1334.39779

从表6.2可以看出，支付补偿款最高的是内蒙古和山西，这两个地区的人均排放量远高于全国平均水平，不仅给本地区的环境质量造成极大影响，同时也因为污染物的溢出对周边地区造成极大的影响。被补偿金额最高的为北京、江苏和浙江，这些地区由于工艺技术进步、环保政策严格等原因，人均排放量远低于全国平均水平，也就是他们放弃了排放权或是加大了污染物治理的投资，对于这些地区必须给予一定的经济补偿，鼓励全国所有的城市在污染治理和排放总量控制方面做出的努力。

从补偿金额的分布地区来看，总的来看，表现出北方地区（高，支付补偿）、南方地区（低，接受补偿）的特征。具体地，支付补偿金额最高的地区为内蒙古、山西和山东，均分布在北方地区。而被补偿最高的为浙江与广东，分布在东部与南方沿海地带。且支付补偿金额地区较多分布在北方地区，仅湖北、安徽、贵州三省分布在南方，而北方地区仅甘肃、北京、天津和河南四个地区是被补偿区。因此北方地区必须为自己的高人均排放量给予惩罚，支付相关补偿金额给南方接受其污染物的地区。

6.2.3 确定可实施大气污染排放权交易的区域

基于污染权公平的生态补偿模型构建，还有一个极为主要的要求，不是所有地区都可以进行排污权交易，有些地区，如京津冀地区，张家口、承德地区作为北京的上风上水地区，对生态环境具有很高的要求（刘薇，2015），这样的地区是不可以作为实施大气污染排放权交易的区域。再如内蒙古，本身已经是全国人均排放量最高的省域，且内蒙古本身生态环境极其脆弱，一旦污染极难恢复，对于这样的地区也要进一步控制其在实施大气污染排放权交易的活动。对于这些地区来说，市场化的污染排放权交易和污染排放权定价等机制就不能完全适用了。此时政府的监督和调控就必须加入进来，由相关的组织机构对全国的生态环境承载力、生态环境脆弱性等进行评价，并划分等级，对于不同等级的地区再来限定不同的排放权交易数额和不同的污染权交易价格。市场化的调节和政府的监督调控必须同时作用，才能使生态补偿机制健康稳定地进行。

6.3 基于健康权公平的生态补偿模型构建

6.3.1 基本模型

从结果出发的生态补偿机制就是从健康权公平角度构建生态补偿机制，其意义在于，全国所有居民均拥有生活在清洁环境中的“健康权”，但由于经济的发展、城市化的推进，使许多地区大气环境质量堪忧，而这些公民则无法享受到应有的“健康权”（路文芳等，2013）。还有因为暴露在污染的环境中造成的死亡率、发病率的上升等直接导致了一定的经济损失。特别地，本地区的污染排放导致的经济损失一大部分都是用经济发展、工资收入提高、生活质量上升等弥补了，而由其他地区污染物跨界传输导致的相应健康风险和经济损失就必须给予补偿。所以我们必须建立一个全国性质的生态补偿模型，基于健康公平原则，严格执行。

基于污染暴露响应函数，一个地区 PM2.5 浓度的上升必然导致整个地区相关的健康重点发生变化，死亡率和发病率都出现升高的状况。因此只要计算 A 地区的污染排放导致 B 地区的污染物浓度升高数值，就可以进一步计算 A 需要支付给 B 的补偿款。

首先，根据暴露响应函数计算出由 A 地区的污染排放使 B 地区污染物浓度升高 Δc 而造成的健康终端变化 ΔH：

$$\Delta H = P \times \Delta I = P \times (I - I_0) = P \times I \times \left[1 - \frac{1}{\exp(\beta \times \Delta c)}\right] \tag{6.7}$$

其次，根据健康终端变化与单位医疗与住院成本计算最终的经济补偿金额。

$$\Delta EL = \Delta H \times RP \tag{6.8}$$

单位排放量的补偿金额 D 则为 A 地区对所有地区的总补偿款（包括对本地的经济损失）除以 A 地区的总排放量：

$$D = \frac{\sum_{i=1}^{n} \Delta EL}{E} \tag{6.9}$$

6.3.2 补偿定价

同时，根据申俊（2018）关于直接经济损失和间接经济损失核算的占比结果，可以进一步计算间接经济损失和总经济损失，如表 6.3 所示。

表6.3 各省区市2016年补偿金额核算

省域	支付补偿金额（亿元）	单位排放量补偿金额（万元/吨）	健康补偿金额（亿元）	总补偿金额（亿元）
安徽	104. 283317	2. 51723566	98. 6054999	108. 4660499
北京	13. 9649883	2. 34518603	29. 5499081	32. 50489891
重庆	68. 4754751	3. 93711099	76. 8678964	84. 55468604
福建	45. 2805793	4. 02418227	25. 1334004	27. 64674044
甘肃	12. 7419935	0. 92923772	17. 9265587	19. 71921457
广东	119. 825126	4. 53220613	120. 211833	132. 2330163
广西	35. 2297	1. 43343428	29. 1237769	32. 03615459
贵州	45. 8755843	1. 27906061	24. 1154172	26. 52695892
海南	2. 43746245	0. 72768821	1. 17383514	1. 291218654
河北	103. 168585	1. 76033051	83. 5631681	91. 91948491
黑龙江	3. 01837448	0. 09309455	4. 73275558	5. 206031138
河南	115. 989378	2. 49884077	158. 919484	174. 8114324
湖北	81. 6278666	1. 98265308	93. 1446009	102. 459061
湖南	82. 679666	2. 18520395	84. 0032036	92. 40352396
江苏	153. 42707	4. 04607018	159. 70818	175. 678998
江西	45. 5461967	2. 26536456	42. 6794979	46. 94744769
吉林	5. 0488979	0. 23541618	6. 59649481	7. 256144291
辽宁	35. 7644823	1. 09216665	45. 60364	50. 164004
内蒙古	21. 8673105	0. 61140688	8. 6263589	9. 48899479
宁夏	6. 4950164	1. 17512662	4. 46263918	4. 908903098
青海	1. 04947436	0. 22058729	0. 37213828	0. 409352108
陕西	27. 9366979	1. 21586633	67. 0898774	73. 79886514
山东	190. 893827	2. 80805934	141. 7133	155. 88463
上海	76. 103375	15. 9142175	54. 4059958	59. 84659538
山西	72. 4941242	1. 65258618	37. 9691404	41. 76605444
四川	64. 3389593	1. 53788444	116. 817099	128. 4988089

续表

省域	支付补偿金额（亿元）	单位排放量补偿金额（万元/吨）	健康补偿金额（亿元）	总补偿金额（亿元）
天津	19.2978991	2.86582978	27.3346498	30.06811478
新疆	2.3758336	0.14102061	2.10033379	2.310367169
西藏	0.2081251	0.38985259	0.01358096	0.014939056
云南	13.1778738	0.56673066	6.51787018	7.169657198
浙江	62.2179951	4.28323801	63.7591206	70.13503266

由表6.3可知，上海市的单位排放量造成的健康相关经济损失最高，远高于全国平均水平，其他的还有福建、广东、江苏、浙江的单位排放量健康相关经济损失较高，因为这些地区都位于东部沿海发达地区，这些地区的人口密度极高，且相关医疗成本和误工成本都远高于全国平均水平。对于这些地区来说，因为相关环境政策已经极为严格，各项举措也较为合理，所以只能以补偿款来降低相关疫病的成本，以达到健康补偿的效应。

6.4 基于减排成本的生态补偿模型构建

6.4.1 基础模型说明

考虑到不同省区市的污染物减排成本存在一定差异，本书利用凸分位数回归计算污染物减排成本。其中，总减排成本 TAC 可以通过对边际减排成本 MAC 积分求解出来（Dai et al.，2020）。

$$TAC(q) = \int MAC(q)\,dq \tag{6.10}$$

其中，q 为污染物排放量。根据 Kuosmanen 和 Zhou（2021）的研究，边际减排成本被定义为通过增加投入使用（如资本投资、劳动力等）或减少期望产出（缩减活动规模）来减少非期望产出的最低成本，边际减排成本又可以称为“影子价格”。根据这一定义，边际减排成本可以写为：

$$MAC = \min\{MRT(y,b), MP(K,b), wMP(L,b)\} \tag{6.11}$$

其中，y为期望产出，b为非期望产出，MRT是期望产出和非期望产出之间的边际转换率，MP是投入对非期望产出的边际产量，K是资本，L是劳动力，w是工资率。根据以上描述，本书设定包含一个期望产出、多个非期望产出的前沿生产函数（Zhao and Qiao，2022）估计多种污染物的边际减排成本：

$$y = f(x,b)\exp(\varepsilon) \tag{6.12}$$

其中，f表示非参数生产函数，该生产函数被假定为单调递增、凹的且规模收益不变（Dai et al.，2020）；$\varepsilon = v - u$ 为扰动项，包括噪声v和无效率u（Kuosmanen et al.，2020）；x为投入要素组成的向量，包括资本K和劳动力L；b为非期望产出向量，包括一系列人为源大气污染物。

由前沿生产函数的设置可知，凸分位数回归测算污染物影子价格的方法根据两个最近的分位数在生产集内部局部估计影子价格，可以考虑低效率的影响且能消除经验数据中的随机噪声（Dai et al.，2020），因此条件分位数生产函数可以定义为：

$$Q_y(\tau|x,b) = f(x,b)\exp[F_\varepsilon^{-1}(\tau)] \tag{6.13}$$

其中，τ（$0<\tau<1$）为分位数阶数，F_ε^{-1} 为 ε 的逆分布。为了求出MRT和MP，可以通过求解如下的二次规划（nonlinear programming，NLP）方程来估计分位数函数（Dai et al.，2021；Kuosmanen et al.，2020；Kuosmanen and Zhou，2021）：

$$\min_{\beta,\delta,f,\varepsilon^+,\varepsilon^-} \tilde{\tau}\sum_{i=1}^{n}(\varepsilon_i^+)^2 + (1-\tilde{\tau})\sum_{i=1}^{n}(\varepsilon_i^-)^2$$

$$\text{s.t.}\begin{cases} \ln(y_i) = \ln(f_i+1) + \varepsilon_i^+ - \varepsilon_i^-, \forall i \\ f_i = \beta_i^K K_i + \beta_i^L L_i + \delta_i^{SO_2} SO_{2_i} + \delta_i^{NO_x} NO_{x_i} + \cdots + \delta_i^{OC} OC_i, \forall i \\ f_i \leqslant \beta_j^K K_i + \beta_j^L L_i + \delta_j^{SO_2} SO_{2_i} + \delta_j^{NO_x} NO_{x_i} + \cdots + \delta_j^{OC} OC_i, \forall i,j,i \neq j \\ \beta_i^K \geqslant 0, \beta_i^L \geqslant 0, \delta_i^{SO_2} \geqslant 0, \delta_i^{NO_x} \geqslant 0, \cdots, \delta_i^{OC} \geqslant 0, \forall i \\ \varepsilon_i^+ \geqslant 0, \varepsilon_i^- \geqslant 0, \forall i \end{cases} \tag{6.14}$$

将 $\tau=0.05$，0.15，…，0.85，0.95 代入上述公式计算 10 次以得到 10 组影子价格，然后使用最近的两个分位数系数的加权平均值来估计减排成本，以此得到各污染物的影子价格。如果 $\tau<0.05$ 或 $\tau>0.95$，则使用 $\tau=0.05$ 或 $\tau=0.95$，克服了 DMU 被预测到边界的情况。

6.4.2 污染定价及补偿标准核算

本部分将生产产生的经济增长作为期望产出，将 MEIC 数据库中 PM2.5 排放量作为非期望产出，劳动力（其价格为平均工资 w）和资本（其价格默认为 1）作为投入，利用凸分位数回归方法计算污染物的减排成本，即影子价格。具体的测算结果见表 6.4（注：为了结果展示得清晰，将所有结果保留了四位有效数字，并不代表治理成本为 0）。

表 6.4 各省区市 2016 年补偿标准核算

省域	排放量（吨）	影子价格（元/吨）	治理成本（亿元）
安徽	434802.613	60655.735	26.373
北京	53052.126	11548976.390	612.698
重庆	168822.996	171064.123	28.880
福建	154274.970	1865593.644	287.814
甘肃	139574.567	78336.687	10.934
广东	308687.998	3127619.108	965.458
广西	262520.207	213906.220	56.155
贵州	367371.639	0.000	0.000
海南	39341.501	175650.763	6.910
河北	570910.846	0.000	0.000
黑龙江	321128.229	0.000	0.000
河南	491733.586	123160.291	60.562
湖北	378974.865	98330.305	37.265
湖南	372989.659	66531.706	24.816

续表

省域	排放量（吨）	影子价格（元/吨）	治理成本（亿元）
江苏	387813. 750	3016312. 356	1169. 767
江西	195139. 947	77208. 641	15. 066
吉林	221881. 362	297529. 039	66. 016
辽宁	338474. 848	0. 000	0. 000
内蒙古	336658. 705	0. 000	0. 000
宁夏	62130. 370	0. 000	0. 000
青海	48383. 233	107604. 384	5. 206
陕西	240320. 590	66099. 795	15. 885
山东	722636. 387	69605. 044	50. 299
上海	51290. 674	9028007. 636	463. 053
山西	427507. 131	186051. 167	79. 538
四川	396140. 598	473873. 847	187. 721
天津	64494. 116	244907. 500	15. 795
新疆	169113. 435	0. 000	0. 000
西藏	5574. 395	1723082. 056	9. 605
云南	232613. 971	83858. 366	19. 507
浙江	434802. 613	4503477. 299	1958. 124

从区域差异看，经济较为发达的省级行政区往往对应较大的影子价格，如北京、上海、天津等（见表6. 4）。这些省级行政区经济发展水平、生产效率和技术水平较高，单位产值带来的大气污染排放较多，使其具有较高的影子价格。而一些相对不发达省级行政区生产效率和技术水平较低，减少大气污染的机会成本比发达省级行政区低得多，因此减排难度较低，导致影子价格偏低。然而也有特例，位于偏远地区的西藏也有较高的影子价格，其PM2. 5减排的影子价格为1723082. 056元/吨，这是由于西藏特殊的地理特征且缺乏先进的减排技术，大气污染治理难度较大、成本较高。

6.5 补偿机制及实施路径

6.5.1 补偿主体的责任划分

破除仅将政府作为大气污染生态补偿义务主体的传统思维是我国大气污染生态补偿法律机制完善的重要内容。大气污染生态补偿义务主体可从以下方面进行拓展：第一，中央政府。目前，参与我国大气污染生态补偿的主要为地方政府，但中央政府作为国家最高行政机关，是国家利益、社会利益的应然代表，因而中央政府代表国家作为大气污染防治受益人实施大气污染生态补偿具有合理性。中央政府有义务制定大气污染生态补偿相关政策和法规，以及通过财政转移支付等对地方政府、企业等大气污染防治行为进行合理补偿。第二，地方政府。地方政府除了作为纵向生态补偿主体外，还可以通过协议等成为横向生态补偿主体。在相邻地方政府的大气污染防治对其具有正向作用的情形下，由地方政府对相邻地方政府给予生态补偿具有合理性。第三，企业。企业排污是主要的大气污染源，因此排污企业理所应当成为大气污染生态补偿主体，从而必须对其征收环境保护税及生态补偿费用。第四，社会公益组织。社会公益组织通过捐赠、志愿参与生态补偿等也可以成为义务主体。第五，居民。随着生活水平的提高，人民对生活环境的要求越来越高，城市居民愿意付费改善大气生态环境的诉求也很强烈。另外，居民生活生产中也有部分大气污染物的排放，从而在一定情形下，有义务因受益或造成损失而成为生态补偿的义务主体。

6.5.2 拓宽补偿金额的融资渠道

根据我国现有实践，目前有关生态补偿金额来源主要存在市场手段筹措资金、财政转移支付、共同出资设立专项资金、扣缴地方财政设立专项资金等资金来源（王军锋、侯超波，2013）。

首先，排污权交易的金额。在推行排污权交易时，排污权出让方有足够的排污许可能够满足自身需求并有富余；而购买方因为产业结构问题，需要的排污权多于国家许可，且治理成本远大于排污权的购买金额。因此，排污权的交易就会发生在同级的异地政府之间，且政府间的排污权交易多是在政府谈判达成协议的基础上，由相关企业负责具体落实。排污权交易是政府间推动大气环境保护的“双赢”过程，排污权出让方获得了补偿资金，用于提高社会经济水平并保护生态环境质量；排污权购买方打破了制约进一步发展的污染权“瓶颈”。

我国现有的大气污染排污权交易政策较好地体现了地区间的不同治理需求，各地区根据自身实际情况，纷纷制定了有针对性的排污权交易政策，体现出大气污染排污权交易的政策创新性。并且，纳入排污染交易的污染物类目和行业也在不断扩大。排污权交易是将大气污染治理的外部性成本内部化的有效手段，不仅能够激励企业积极主动采取减排治污行动，而且拓宽了大气污染治理的资金来源，引导相关企业为大气污染治理提供有力的资金支持。

其次，政府间共同出资的生态补偿模式所涉及的同级行政主体较多，需要上级行政主体协调；以省域水平为例，各省区市的社会经济发展水平通常存在一定差距，且不同省区市对大气环境质量的要求，以及愿意支付的补偿金额也各不相同。因此，这种补偿金额来源在于双向激励。例如，在新安江治理过程中，安徽与浙江的对赌行为模型。早在 10 多年前，浙江和安徽的生态“对赌”以及由此带来的流域补偿制度，就已经在全国开创先河。中央每年提供财政资金 3 亿元，帮助安徽进行产业升级和污染治理；自 2012 年开始，安徽和浙江也各自准备 1 亿元，启动“对赌”。在该机制下，“谁受益谁补偿、谁保护谁受偿”成为原则。考核断面年度水质达标，浙江每年补偿安徽 1 亿元，否则相反。随着对赌成效显著，浙江省政府、安徽省政府在合肥签署《共同建设新安江—千岛湖生态保护补偿样板区协议》（以下简称《协议》）。《协议》显示，从 2023 年开始，双方每年出资额度从过去的最多出资“2

亿元”提升到“4 亿元至 6 亿元”。此外，在断面水质补偿上，2023 年补偿资金总体增至 10 亿元。

再次，强制扣除制度。在城市大气环境质量持续恶化的背景下，为保证大气污染天数及污染程度达标，也可以采用基于大气污染物空间溢出量核算的政府间强制性扣缴。该模式主要包含以下环节：第一，省级政府要确定生态补偿主体和客体、生态补偿资金扣缴标准。第二，每年监控各省的污染物质排放情况，并检测各省的大气质量状况，定量核算各省之间的污染溢出情况。第三，根据污染溢出导致周边地区大气污染状况扣缴或奖励生态补偿资金。

最后，吸收社会资金。补偿专项基金的资金来源不局限于政府拨款，还可以吸收社会资金的进入，来增强专项基金运行活力（王立平等，2018）。在融资渠道方面，政府除了征收环境税外，还可以吸纳社会资金来参与减排活动，通过发行相应的基金和债券，鼓励更多的企业、社会组织和公民参与碳补偿的运作，不仅能够丰富补偿融资渠道，还能够同时提升公民的低碳意识和行为。民营企业在社会经济发展中扮演着重要的角色。民营经济为我国贡献了 50% 以上的税收、60% 以上的 GDP、70% 以上的技术创新成果、80% 以上的城镇就业、90% 以上的企业数量。发挥民营企业在环保行业的积极作用，引导民营环保企业加入大气污染防治的行动中，通过民营企业撬动更多的社会资本流入大气污染防治相关行业，对我国大气污染治理有重要意义。目前中央和地方财政以及金融机构对民营环保企业的相关支持，主要集中在财务管理、业务规范、绩效考核和资金支持等方面，在环境污染防治上取得了显著成效。但在发展过程中，相比国有企业而言，民营环保企业存在融资成本普遍较高、融资渠道相对较窄等问题。为了充分发挥民营环保企业在大气污染治理上的积极作用，为大气污染防治工作提供稳定充足的资金支持，需要进一步优化对民营环保企业财政金融政策支持。

我国大气污染治理的资金来源可以分为国内财政资金、国内社会资金和国际资金三大类。其中，国内财政资金从中央财政、地方财政两个方面对于大气污染治理给予了多方位的政策支持和财政支出。具体包括节能环保的支出、城乡社区支出、中央财政性基金支出、国有资本经营支出及中央对地方的专项转移支付。国内社会资金给予大气污染治理的支持形式较多，主要包括信贷资金、股权融资、债券融资、PPP 资金等资金支持。在相关政策的引导下，信贷资金尤其是绿色信贷在工业节能、建筑节能、交通运输节能等相关领域给予了大力支持。国际资金对于大气污染治理的支持，主要来自亚洲基础设施投资银行、世界银行亚洲开发银行、金砖国家新开发银行、全球环境基金等组织，这些组织给予的资金成本低、带来的国际影响力大。

6.5.3　市场化、多元化的补偿方式

建立市场化、多元化生态补偿机制是习近平总书记在党的十九大报告中对生态补偿工作提出的要求，也是实现生态补偿机制可持续发展的内在要求。落实到大气污染治理的生态补偿机制，由于我国大气污染成因复杂，影响范围广，治理难度大，区域间协作要求高，仅依靠中央政府和地方政府的政府监管和财政补贴，难以为大气污染治理生态补偿提供有效的监督管理和持续的资金支持。为了进一步建立健全我国大气污染治理生态补偿机制，需要拓展市场化、多元化的补偿途径，通过市场手段将大气污染的外部性成本内部化，积极引导企业及社会公众参与到大气污染治理生态补偿行动中。

相对于生态补偿的传统领域（流域、土壤、森林等）而言，大气污染治理生态补偿对区域间的协同合作要求更高，是生态补偿的难点领域，相关理论研究和实践经验均较少。尽管目前我国部分省区市已开展了对大气污染治理生态补偿的初步探索，但整体来看，大气污染治理生态补生态补偿涉及面广、利益关系复杂，机制的建立健全还受多方面因素影响，稳定长效的生态补偿制度体系尚未形成。当前我国大气污染治理生态补偿在法律法规、技术体系、长效机制、效益评估机制等方面都存在较大欠缺，亟须完善大气污染治理生态补偿的各项制度体系。

具体的补偿制度可以设计为常项补偿制度与专项补偿制度共存。其

中常项补偿制度是指专项财政转移支付必须用于常设等特定领域，常设项可以包括大气污染最常造成的危害的选项，如公共健康、交通、农业这三大受大气污染影响最为严重的方面，特别是公共健康方面，因为相较于其他污染物，PM2.5 可以直达人类呼吸系统，进而危害身体机能（Bell et al.，2007）。相关研究最初始于医学相关领域，医学专家通过大量的实验调研发现暴露于污染的空气中可能会导致人类部分身体机能遭到破坏，特别是在呼吸系统和心脑血管方面会产生较为显著的损坏（Kappos et al.，2004）。雾霾污染不仅对人的身体健康带来巨大的威胁，还带来一系列的呼吸道及其他方面的疾病，甚至造成严重的生命危险而导致早逝。因此，每年的生态补偿款都要用于被补偿地区的公共卫生服务，包括降低由于雾霾污染带来的相关疾病的治疗成本，加强雾霾相关疾病的医疗保障，雾霾天气免费提供相关保护道具等方面，减少雾霾污染带来的各种健康问题的困扰。甚至在一些地区设置不受雾霾困扰的室内活动场所，让居民能够在雾霾天气依旧保持体育锻炼和社交活动，提高抵抗雾霾的各项人体机能。

除了常项补偿制度外，还可以建立专项补偿制度，即成立专项补偿基金评审小组，并分为不同部门，设立专项补偿款，专款专用。各专项资金实施申请制和常项补偿共存制度，申请制即受偿地区根据自身实际情况，核算或分析受到大气污染较为严重的行业，特别是不包含在常项补偿制度中的行业，向上级行政主体申请，上级行政主体可以根据申请和现实情况调研来判定影响程度，并决定拨款数额。

具体地，我国现有的大气污染生态补偿方式仅主要为政府间的纵向财政转移支付，明显过于单一，难以有效实现大气污染生态补偿目标。建立多样化大气污染生态补偿方式是大气污染生态补偿法律机制完善的重要内容。我国应在优化作为生态补偿主要方式的纵向财政转移支付方式外，可从以下方面建立多样化的大气污染生态补偿方式。第一，横向财政转移支付。横向财政转移支付是指同级地方政府间或不属于同一行政区域内地方政府的财政转移支付。建立横向财政转移支付机制能有效促使大气污染治理成本和受益均衡，一方面提高了大气污染治理积极性；另一方面有利于发挥地方政府大气治理的比较优势，提高大气污染治理整体效益。横向财政转移支付主要通过地方政府间签订财政转移支付协议等方式来实施。第二，排污权交易。构建市场化运行的大气排污权交易机制，有利于降低政府生态补偿机制成本，也有利于契合大气污染流动性特征，强化大气污染联合治理激励。《大气污染防治》规定了排污权交易机制，部分地方法规对排污权交易也进行了可操作性规定。我国排污权交易机制应明确排污权法律定性，建立排污权初始分配与排污权交易市场，完善排污权交易监测机制，提高大气污染排污权交易机制的可操作性。第三，产业扶持。经济发达地区往往也是大气污染排放的主要区域。通过将经济发达地区的产业适度转移到欠发达地区，不仅有利于促进大气污染治理，更是有利于扶持落后地区产业发展，从而起到有效补偿欠发达地区的作用。第四，技术补偿。技术是驱动经济社会发展的重要力量，对受补偿地方政府、企业给予技术扶持，是提升其经济发展和生态环境保护能力的重要举措，能有效起到对其利益补偿的作用。除此之外，大气污染生态补偿还可以采取人才培养，异地开发、合作开发、政策优惠等其他补偿方式。

6.5.4 统一管理机构的确立及运作模式

在环境规制逐步从污染排放控制向环境质量管理转型的背景下，现行的单一行政区属地治理和管理模式对区域性流动性的大气污染已力不从心（唐湘博、陈晓红，2017）。各行政区的属地治理模式也进一步导致省域或城市间信息不能及时流通，或地区间恶性竞争、彼此博弈，无法达成合作协议等，这些都使高一级的政府组织机构的设立成为必须。要成立全国性的统一管理机制，具体应做到以下几点：

（1）成立高于省域一级的大气污染跨界补偿管理机构，有国家确立结构的合法性，并由生态环境相关部门成立统一管理机构，负责核算污染溢出量、污染溢出带来的环境质量变化以及环境质量恶化导致的各行各业健康、经济等各方面的损失。并由区域（省）环境质量主管部门和各辖区（市）主管领导加入，作为区域大气污染协同减排的组织者和协调者，负责协商和补偿的确认。

（2）构建地区间的减排市场交易平台和排放权交易平台，各辖区为满足排放限额应当削减的责任减排量可进入交易平台进行市场交易，参照碳排放试点及相关政策，将排放权及责任减排量都拿到交易平台进行交易，而政府需要做的就仅是监管与协调，让市场化来加深区域间的合作与博弈关系，实现市场主导的区域联防联控机制。

（3）建立科学的区域排放限额分配机制，合理确定各辖区（市）的排放限额，不能绝对平等地对待所有地区。针对特殊地区，需要进行特殊照顾，例如河北省，其定位就是接受北京、天津等发达城市的产业结构调整中淘汰的落后产能，同时又为北京、天津供应大量的能源、工业半成品等，这些高污染高能耗产业必将使河北省的空气质量不断恶化，因此对待这些地区的排放限额分配需要考虑到区域的宏观经济、产业结构、发展规划等因素，以兼顾和保证地区的经济发展和环境保护。同时，对于这种类型的城市，进行排放奖励制度也是一种有效的方法，将北京、天津愿意承担的空气质量改善的金额拿来作为奖励制度，以奖励促使石家庄的产业进行调整，降低排放量。

（4）构建由上及下的补偿机制，国家级统一的大气污染跨界补偿管理机构是必需的，同时各级政府，从省域到地级市再到单一的企业、医疗机构等，省域的补偿通过核算和定量计算，省域内部的补偿也需要按照省域的政策和逻辑关系进一步落实，必须将政策落到实地，对该征收补偿的地区、企业确定下来，对需要补偿的居民和行业也定量计算其损失金额，切实补偿到位。

（5）运作模式。建立完善的贸易碳补偿运作模式，是实施中国省际贸易碳补偿的基础。采取省区市间的财政支付转移、中央财政支持的贸易碳补偿运作模式，设立基金委员会主持基金的日常运作，并负责每年补偿资金的统一收取与分配。具体来说，根据省际贸易碳补偿标准，针对对外净补偿省区市，从当地财政收入中提取相应的资金作为补偿专用资金，上交至中央财政部门；针对净受补偿省区市，由中央财政划拨相应数额的补偿款，补偿资金应用于工业生产减排、清洁技术创新等基础设施的建设，实现省域间精准的跨界补偿。

6.5.5 完善生态补偿法规与监督机制

生态补偿制度成为我国理论界和实务界的热点议题，关于森林、河流、海洋、矿产资源等环境要素的政策实践和理论研究都日益丰富，并且都取得了非常良好的成果。大气污染生态补偿理应属于生态补偿的重要类型之一。特别是在大气污染综合治理成为国家重大战略的背景下，完善大气污染生态补偿法律机制，保障大气污染生态补偿实施更为重要。但是，我国大气污染生态补偿法律机制理论与实践尚处于严重缺失状态。这不仅影响生态补偿法律机制完善，更是制约大气污染防治效果的提升。大气污染生态补偿法律机制将为生态补偿法律机制整体构建与完善提供有效案例和经验。完善大气污染生态补偿法律机制，是创新与完善生态补偿机制，推进生态文明建设战略的内在需求。建立完善的生态补偿法律体系，是生态补偿机制运行的根本保障。

完善法规：大气污染治理的整体性、跨区域性，大气污染生态补偿的普惠性、复杂性必然要求在国家层面构建大气污染生态补偿立法。大气污染生态补偿立法不仅是彰显大气污染生态补偿重要性的必要之举，更是增强大气污染生态补偿法律规范权威性的基本选择。我国大气污染生态补偿专门法制定大体有两条基本路径：一是在现有立法基础上增加有关大气污染生态补偿的规定；二是制定专门的大气污染生态补偿法。本书认为，目前可行之路是在《大气污染防治法》或即将制定的《生态补偿条例》中设专章规定大气污染生态补偿法律机制，就大气生态补偿一般性问题进行规定。国家在进行立法时应该充分考虑到不同地区之间的差异性和特殊性，只要对大气污染生态补偿的目标、原则、主体和标准等规定即可，从而对各地的立法起到一个指导性的作用。大气污染生态补偿立法应定位为大气污染生态补偿基本立法，主要规定大气污染生态补偿关系的一般性规范。

确定法律责任：大气污染生态补偿法律责任是推进其有效实施的基本保障。我国大气污染生态补偿法律责任机制可从以下方面进行构建，首先，构建纵向层面大气污染生态补偿法律责任机制。对违反相关法律规定，不履行或不按规定履行纵向财政转移支付或违法扣缴生态补偿资金的行为，由上一级政府责令按规定重新履行、补充履行相应财政转移支付的法律责任，以及产业转移、技术扶持、异地开发、人才培养等的法律责任，并对主管领导和直接责任人员给予行政处分。其次，构建横向层面的大气污染生态补偿法律责任机制，对违反大气污染生态补偿排污权交易、产业转移、技术扶持、异地开发、人才培养协议等行为，由违反者承担重新履行、补充履行、继续履行等违约责任，并对主管领导和直接责任人员给予行政处分。再次，对违反大气污染生态补偿法律义务的主管领导，使其承担约谈法律责任，规定由上一级政府或上级主管部门对其进行约谈，并将约谈情况对社会公开。最后，对大气污染生态补偿争议，规定相关主体可通过协商、调解、行政裁决、诉讼等方式进行解决。

同时，建立贸易生态补偿监督机制，是规范中国省际生态补偿的重要一环。具体来说，首先应在生态补偿组织管理机构下设置监督部门，在生态补偿工作当中建立目标责任制，明确各职能部门在工作中的权利与义务，从而监管各部门生态补偿工作的完成情况；其次应将生态补偿工作列入政府绩效考核中，并制定具体的奖惩措施，以此来提高各部门的工作积极性及减排意识；最后建立由社会各界组成的社会监督委员会，让社会力量参与生态补偿监督工作中，保证生态补偿工作的公正透明。

第 7 章　结论与展望

7.1　主要研究结论

现阶段我国城市人口和工业快速聚集、城市化程度不断提升，带来了严重的资源环境问题，尤其是大气污染问题。城市化对空气质量的影响在人类健康问题上得到了显著的体现（Lin et al.，2001），特别是在城市化初级阶段的中国，城市的工业发展、人群密集居住、交通拥挤等原因造成大气污染的加剧（杜雯翠、冯科，2013）。同时，大多数城市的高人口密度及人口流动导致的暴露于污染下的人口数量增多（韩立建，2018），高污染高暴露致使城市健康问题凸显，这些居民健康问题也必将带来一定的经济损失。根据健康中国建设的要求，对城市大气污染造成的居民健康风险和经济损失进行合理评估，对环境卫生政策规划具有重要意义。

因此，本书基于遥感影像采集 2006 ~ 2016 年中国 31 个省区市的 338 个城市的 PM2.5 数据，分别分析大气污染与人口城市化率以及夜间灯光数据代表的城市化发展水平之间的关系。在此基础上，结合人口密度数据对 338 个城市进行全面的健康风险评估，然后结合早逝经济损失及相关医疗消费数据（中国卫生与计划生育统计年鉴）对中国 PM2.5 产生的健康影像进行经济影响评估，并检验不同城市化水平下的经济损失，探究城市化与经济损失的内在联系，使城市和国家政策制定者意识到大气污染带来的巨大威胁，以加强他们在改善空气质量方面的努力。最后根据 MEIC 团队提供的排放量网格化数据，并结合华盛顿大学 InMAP 研究团队的 InMAP 模型，定量测算阶段大气污染物的空间溢出量，并据此定量核算大气生态补偿金额，期望建立一个全国性的生态补偿机制。具体的结论如下：

（1）定量化分析城市化发展过程中大气污染变化，分析现有PM2.5污染的相关研究成果及城市空气环境污染的时空分布特征。本书结合城市化率和人口分布密布等，构建基于城市化发展水平和人口城市化率的PM2.5浓度影响模型，探究城市化对大气环境相关关系。结果表明，整个国家的PM2.5污染至今未得到基本改善，2016年，超过65%的城市和75%的人口暴露PM2.5浓度超过35μg/m^{3}的污染环境。人口密度的分布特征与PM2.5浓度分布特征有一定的相似性，也就是说，大多数人口分布密集的地区恰恰也是污染最为严重的区域，特别是京津冀地区、成渝地区和中原城市群地区。

为了探究城市化水平变化对污染的影响，本书选择构建以城市化率为主要解释变量的模型，包括一次项、二次项和三次项三种模型：①模型PU2与PU3模型在人口城市化率低于10%左右时出现差异，但除此之外均属于随城市化率的增加，PM2.5浓度不断降低的状态。PD2与PD3在城市化水平也就是DN值低于15前，PM2.5浓度随城市化水平的增高而不断升高。②模型PU3与模型PD2的拟合结果出现了一定的相似性，出现了经典的倒“U”形曲线规律，均呈现先随着城市化的升高而升高，经过一个拐点后随着城市化的升高而降低的规律。虽然PU3是包含三次项的模型，应该存在两个拐点，但经过计算，另一个拐点超出了人口城市化率的最大值100%，因此可以认为在合理的范围内模型PU3的拟合结果仅有一个拐点。PU3为含二次项的模型，其只包含一个拟合拐点。两个模型的拟合结果也存在一点差异，PU2的拐点出现在人口城市化率相对较低的情况下，而模型PD2的拐点则出现在城市化水平相对较高的水平下，特别是从模型PD2的空间面板拟合结果可以看出城市化水平在一个相对较高的状态下才会出现由恶化向优化的方向转变。③相比普通面板检验，空间计量面板考虑城市间相互作用因素以及由坏转好的改善拐点滞后，说明城市间大气污染物的扩散加速了空气质量的恶化，相应地，在一定程度上延缓了空气质量的改善。同时进一步说明单一城市的空气质量改善难度极大，并有可能受外在城市干扰影响最终空气质量结果。未来的空气环境质量改善，将是一个区域性共同攻克和努力的结果。

（2）在污染与城市化的基础上，深入探究相关的健康风险及经济损失间的差异。基于暴露—响应函数分析 PM2.5 污染带来的公共健康风险和经济损失，本书进一步探究不同城市化水平下健康风险及经济损失存在的差异。结果表明，PM2.5 污染引起的急性支气管炎和内科门诊问诊数量最多，其次是儿科门诊问诊、慢性支气管炎和哮喘，而呼吸和心血管疾病导致的过早死亡和住院人数相对较少。2016 年，因 PM2.5 污染造成的经济损失达 1.846 万亿元，占全年 GDP 的 2.73%。随着不同城市城市化水平的提高，PM2.5 污染带来的健康风险和经济损失增加。前 10 名城市的经济损失占总损失的 22.3%，说明城镇化水平高的大城市大气污染带来的健康风险和经济损失更大。估计结果也可用于经济评价来指导关于评价环境保健政策备选办法的决定。

为探究健康风险与经济损失与城市化的关系，本书分别构建以城市化率为主要解释变量的模型，包括一次项、二次项和三次项三种模型。①HD 模型和 ED 模型的拟合结果具有相似性，如仅有含二次项的模型 HD2 和模型 ED2 的普通面板拟合时存在拐点，且均是在城市化水平较高的情况下才出现由恶化到优化的拐点。但同样地，含有二次项的空间拟合结果则不存在具有实际意义的拐点。②含三次项的模型包括 HD3 和 ED3 两个模型显示，在研究时段内均不存在拐点，且随着城市化水平的不断提高，表现出城市居民的健康风险不断增大，且相关的经济损失也不断扩大。这说明增加模型中城市化水平所占比重，会使由恶化转向优化的拐点后移，以至于出现在具有现实意义的取值范围内不存在拐点，说明城市化到目前为止，城市化过程的正外部性还未显现。③相比普通面板检验，空间计量面板考虑城市间相互作用因素以及由坏转好的改善拐点滞后，变成在具有实际意义的取值范围内不存在拐点了。

最后，结合城市化水平和经济损失，将 338 个城市分为 A 类（非重点区域）、B 类（成功区域）、C 类（潜力区域）、D 类（重点区域）四类。目前，D 类城市城市化水平较高，健康风险和经济损失较大，这些地区的公共卫生政策需要重点降低 PM2.5 相关疾病的医疗成本。此外，还需要建设公共设施和绿地来鼓励人们进行更多的体育锻炼。对于 C 类城市来说，最重要的是加强公共卫生服务的质量，使贫困地区的人们能够及时获得医疗服务。虽然目前 A 类城市的健康损失较少，但仍需提前处理，尤其是 D 类城市周边地区。

（3）基于 InMAP 模型定量估算 PM2.5 的空间溢出量，选用排放数据和 InMAP 模型来计算各省域及地级市地区间空间溢出情况，估算污染溢出带来的相关的健康风险及经济损失。PM2.5 排放与污染的 SMI 值为 98.698，说明 PM2.5 排放与浓度之间的空间不匹配现象极为显著，存在 PM2.5 排放与污染的空间错位问题。由 InMAP 计算出各省区市的污染溢出量产生的影响，总的来看，每个省域的排放量对本地 PM2.5 浓度的影响最大，其次是其距离较近的周边地区。例如，北京市的污染排放影响最大的就是北京市本地区及距离北京市较近的天津市和河北省。首先是对本地区的影响，例如，上海市、重庆市和河南省的污染排放对本地 PM2.5 浓度影响最大，使本地区 PM2.5 浓度上升 20 ~ 30$\mu g/m^3$。其次是对周边地区的影响，相较于其他省区市，山东、江苏和安徽这三个省域对周边地区的影响较大，例如，山东省的污染物排放使其周边的河南省和江苏省 PM2.5 浓度均增加 10$\mu g/m^3$。总的来看，污染排放造成全国 31 个省区市健康终端变化最多的是河南、四川、山东和江苏四个省，而本省健康终端变化最大的为山东、河南、江苏、安徽四个省。相对来说，由于人口密度较高、污染物排放量较大、空气质量相对较差等原因，山东省、河南省、江苏省既是造成健康风险最大的地区也是本地健康风险最大的地区。支付补偿金额最高的是山东省，山东需要向江苏补偿超过 35 亿元，需要向河南补偿超过 20 亿元。其次是江苏省，江苏需要向安徽省支付将近 20 亿元。而需要被补偿的最高省域是河南省，其次是江苏省，从中可以看出江苏省既需要支付大量的补偿金额，同时也应该被补偿大量金额。补偿支出地区主要分布在中东部和西南部省域，而被补偿区主要分布在中部和西部地区。补偿支出地区和被补偿区相邻分布，被补偿区集聚分布在补偿支付区中间，被补偿支付区包围着。持平区主要分布在西部、东北和东南地区。总的经济补偿无论是应支付的补偿金额还是被支付的补偿金额与城市化率的拟合效果均不好，但一旦转化为人均补偿金额和人均被支付的补偿金额，与城市化率的拟合效果极佳。

分区管控，A类型表示城市化率均低于全国平均水平且受到污染较多的需要被补偿的地区，为低城市化率，但受到污染较多，经济损失较大的地区；Ⅲ象限为类型C，这个类型的城市虽然城市水平低，但排放大量的污染物，并且向外围扩散，严重影响周边地区居民的健康，带来较多的经济损失，具有较为严重的污染和经济损失，是需要进一步探讨其产业结构的地区；Ⅰ象限为B类型，是城市化水平较高且需要被补偿的地区，这些城市本身的发展并没有带来很多污染排放，反而是受到周边地区的影响较多，对于这样的地区，应该是整个生态补偿机制最得力的拥护者；Ⅱ象限为类型D，是必须最重点关注的地区，因为这些地区经济发达、人口分布密集、污染排放量较大，且周边地区也是类似的地区，对本地和周边地区都带来了较大健康风险和经济损失；最后一类就是净经济损失绝对值小于2亿元的E类省域，这类地区在污染和被污染、支付补偿金和被补偿金之间保持着微妙的平衡，从城市率来看，大多位于低城市化率阶段，说明这些地区位于一个污染排放相对较少、人口密度小、经济也不发达的地区，是较为安全的地区。

（4）构建全国性的生态补偿机制，定量计算污染接受区接收到经济补偿，以及污染溢出区应该给予的经济惩罚，基于这一基础构建全国性的生态补偿机制。

本书仅介绍两种补偿模式，一是从源头出发，就排污权角度而言，排放超出既定数值后就必须支出一定的金额购买其他地区的排污权，即基于污染权公平的生态补偿模型构建；二是从结果出发，核算污染排放已经造成的经济损失情况，必须对已经造成的经济损失进行补偿，即基于健康权公平的生态补偿模型构建。从减排成本出发，利用从排污权交易的金额、政府间共同出资、政府间财政转移支付、政府间强制性扣缴、吸收社会资金这几个方面来具体分析补偿金额的来源，补偿款的使用主要包括专项资金实施申请制和常项补偿共存制度。建立统一的区域大气环境质量管理机构管理大气生态补偿的全部事宜。

7.2 政策启示

基于以上的结论和分析，本书可以从城市发展、公共健康和补偿机制这三个方面给出以下政策制定者的策略和启示。

（1）从城市高质量发展角度的政策建议。

首先，城市发展应注意差异化管理：城市发展战略必须注重长期关注、重点控制和差异化管理。一个城市的发展不能只看眼前的经济增长，要注意关注一些长期指标，注意长期指标变化的累积效应。针对不同发展状况的城市，差异化的政策是必要的。例如，有些城市目前污染少，环境质量高，经济损失低，提高准入门槛避免污染避难是比较好的选择。而对应的有些城市，已经在漫长的城市化过程中产生严重的污染且由于产业布局的原因，未来还将产生较多的污染。对于这种类型的城市，降低人口密度、改进清洁技术等是城市发展的必要选择。同时，需要将重点控制城市纳入国家总体大气污染预防计划和政策体系，在重点控制地区划分时考虑健康风险和健康成本等相关因素。无论是当前还是未来，新型城市化工作的重点应该是高质量发展。

其次，提高行业准入标准，奖罚并行优化产业结构：部分以工业为主的城市虽然经济发展较为迅速，但同时也带来了较多的环境与健康问题，对于此类城市，优化产业结构势在必行。这就要求各城市在产业引入时，提高新建企业行业准入门槛，利用倒逼机制，遏制新建项目对排污指标的需求。同时对已布局在城市内的各类行业核查其减排政策落实情况，以奖励机制调动企业治污的积极性，并考虑以经济惩罚、行政约谈等手段进行违规排放责任处理。中心型城市的经济发展模式、产业结构等更为合理有序，但同时密集的人口也意味着一旦出现环境恶化则会导致更为严峻的公共健康问题。对于此类城市，优化产业结构指的是不断剔除耗能大、污染排放多的产业，完成相关产业的转移或升级，增加各行业的协同集聚效应，提高绿色发展效率。

（2）从降低公共健康风险角度的政策建议。

发挥社区医院功效，提高公共卫生服务质量：对于污染接收城市，居民不但不能享受经济发展带来的资源与便利，还要忍受环境破坏或污染转移带来的生态恶化、公共健康风险等。对于这类城市，利用得到的补偿金建立标准化、规范化的社区医院，使当地居民特别是生活在农村和贫困地区的人更容易获得医疗卫生服务是公共健康管理的首要选择。同时，发挥社区卫生站等便民机构的公共健康宣传与服务功效，增加社区居民的公共卫生服务质量和自我防护意识。

多中心城市模式与城市落户政策双管齐下，降低市辖区人口密度：城市化率和人口密度共同作为居民健康风险的主要影响因素，在城市化率达到一个中等水平后，城市化率对健康风险产生负向影响，而人口密度的影响却始终是正向的。两者共同作用时就要求城市在提高城市化率的过程中控制人口密度，即要求城市化水平不断提升时扩充城市容量。对于这个问题，欧美国家的多中心式城市建设体系是一个较好的解决方式，让城市如同细胞分裂一般沿交通线不断分裂复制。对于高城市化率城市，仅有人口密度作为主导因素，降低人口密度成为首要选择，因此提高户籍落户要求，控制周边城市人口的涌入可以缓解高城市化率城市的公共健康压力。

高度重视居民健康，将健康成本纳入环境及城镇化质量评估体系：大气污染造成的健康损失需要经过长时间的评估和后续调查，在快速的城市化进程中，必须注意环境污染造成的健康损失成本，特别是在城市化率高的地区。人口、产业（包括污染密集型产业）的集聚不可避免地导致城市污染物的排放和健康价值的损失，因此对于转型期的中国，在当前的新型城镇化建设中，应在城镇化质量评价体系中考虑健康成本。现有的环境空气质量评价体系更多地关注大气染物种类及浓度，而新型城市化建设要求重视居民健康和城市化质量。因此，在当前城市化高质量发展过程中，应将健康成本纳入城市环境质量评估体系以及城镇化质量评价体系。从控制城市环境质量转化到改善健康的人居环境，建立健康影响评估制度，把健康作为城市人居环境建设的首要目标，系统评估各项经济社会发展规划和政策、重大工程项目对健康的影响。

（3）从建立经济补偿机制方面的建议。

构建全国统一的管理机构：在环境规制逐步从污染排放控制向环境质量管理转型的背景下，现行的单一行政区属地治理和管理模式对区域性流动性的大气污染已力不从心。各行政区的属地治理模式也进一步导致省域或城市间信息不能及时流通，或地区间恶性竞争、彼此博弈，无法达成合作协议等，这些都使高一级的政府组织机构的设立成为必须，成立全国性的统一管理机制变成了可以解决这个问题的一个有效且实用的方法。

定量核算结果应用于补偿机制的构建：已有研究中补偿机制的建立多针对碳排放，用碳净转移量与碳排放权价格之积核算补偿金额，进而建立补偿机构、丰富补偿方式和监管体制等（王文志等，2019），这样的补偿机制设计缺乏对定量核算结果的应用。本书基于跨界大气污染净补偿金额及流向进行补偿机制设计，将定量计算结果用于机制设计的全过程。首先，建立统一的管理机构，负责进行数据收集核算，补偿金额的收缴与发放等管理工作；其次，界定补偿区和受偿区，并根据排污量和责任划分确定各地区减排责任；再次，结合健康经济损失或影子价格计算各地区补偿金额，为省内针对重点行业重点区域进行排污征税提供依据；最后，减排成本用于确定受偿主体和受偿范围，确保补偿金额落到实处用于跨界污染的治理。这样的跨区域经济补偿机制既确保公平、合理、科学地实现责任共担，也为补偿工作的具体实施奠定了坚实的基础。

7.3 研究展望

与已有研究相比，本书在现有城镇化与污染物研究的基础上，进一步探讨城镇化与健康风险以及经济损失的关系，使大气污染造成的危害更加直观和清晰。同时，将定量分析方法与数据引入跨界污染与补偿当中，为大气污染的跨界补偿提供了基础支撑。但在研究过程中，因为一些原因也使本书存在了一些不足，期望后续的研究能进行进一步的思考，主要包括以下几点：

（1）以经济损失为标准，可能忽视了个人的生命权和健康权。

本书在探究城市化和健康风险与经济损失的研究中，分区管控的分类标准是城市化发展水平和经济损失，这种分类方式虽然可以在国家及政府层面上最大限度地减少 PM2.5 污染带来的经济损失，但却忽略了污染较为严重、人口密度低、经济发展水平相对较差的地区人们的生命权与健康权，这在后续的研究中也必须重视起来。

（2）由于工作量的原因，在经济补偿金额核算的研究中，没有将全国 338 个城市均纳入研究范围，在地级市层面上只以京津冀地区为例，进行地级市层面的研究。为了能够更详细、更精确地进行经济补偿核算，在后续研究中期望在地级市层面，将 338 个城市的排放量分别导入模型，计算每个城市的污染溢出及经济补偿金额。此外，由于研究深度和数据获取的限制，在选择暴露响应系数时，忽略了不同城市化水平下、不同污染水平下暴露响应系数不同这一事实，可能会使分析结果存在一定的偏差。在后续的研究中，我们期望能够解决这个问题，减少估计误差。

（3）由于研究侧重问题，本书在研究溢出效应时没有过多考虑运用 CGE 模型来计算间接经济损失，因此在后续研究中，除了本书研究的直接经济损失外，需要对其他相关行业计算 PM2.5 污染带来的间接经济损失，将经济补偿进行更为精确的核算。

（4）根据研究内容，跨界污染主要针对自然界的物理传输，但从传输路径来看，大气污染不仅会通过自然界中的物理传输作用发生跨界转移，还会通过贸易等社会经济活动造成隐含污染物的跨区域传输。其中，自然传输是基于风速和浓度差产生的，而贸易传输是由于商品通过贸易从最终消费地区转移到生产地区，与商品生产相关的污染物排放也随之发生转移，从而改变了大气污染物排放的时空分布特征。因此，要全面且公平地审视大气跨界污染问题，必须同时以自然科学领域的大气传输以及社会经济领域的贸易隐含为基础进行整体研究。

参考文献

［1］曹颖．我国环境负外部性的治理方法探究——基于中西环境治理理论的对比研究［J］．现代商贸工业，2019，40（20）：134－135.

［2］陈晓兰．大气颗粒物造成的健康损害价值评估［D］．厦门：厦门大学，2008.

［3］陈玉玲．生态环境的外部性与环境经济政策［J］．经济研究导刊，2014（16）：291－292.

［4］陈元华，李山梅．北京市大气环保措施的健康效益研究［J］．中国人口·资源与环境，2011（2）.

［5］程叶青，王哲野，张守志，等．中国能源消费碳排放强度及其影响因素的空间计量［J］．地理学报，2013，68（10）：1418－1431.

［6］刁贝娣，丁镭，苏攀达，等．中国省域 PM2.5 浓度行业驱动因素的时空异质性研究［J］．中国人口·资源与环境，2018，28（9）：52－62.

［7］刁贝娣，曾克峰，苏攀达，等．中国工业氮氧化物排放的时空分布特征及驱动因素分析［J］．资源科学，2016，38（9）：1768－1779.

［8］丁镭，方雪娟，赵委托，等．快速城市化过程中的武汉市环境空气质量响应研究［J］．长江流域资源与环境，2015，24（6）：1038－1045.

［9］丁镭．中国城市化与空气环境的相互作用关系及 EKC 检验［D］．武汉：中国地质大学，2016.

［10］杜雯翠，冯科．城市化会恶化空气质量吗？——来自新兴经济体国家的经验证据［J］．经济社会体制比较，2013（5）：91－99.

［11］方创琳．中国城市发展方针的演变调整与城市规模新格局

[J]. 地理研究, 2014, 33 (4): 674-686.

[12] 傅崇辉, 王文军, 汤健, 等. PM2.5 健康风险的空间人口分布研究——以深圳为例 [J]. 中国软科学, 2014 (9): 78-91.

[13] 傅勇. 财政分权, 政府治理与非经济性公共物品供给 [J]. 经济研究, 2010, 8 (4).

[14] 高明, 郭施宏, 夏玲玲. 大气污染府际间合作治理联盟的达成与稳定——基于演化博弈分析 [J]. 中国管理科学, 2016, 24 (8): 62-70.

[15] 郭高晶. 空气污染跨域治理背景下府际空气生态补偿机制研究——以山东省空气质量生态补偿实践为例 [J]. 资源开发与市场, 2016, 32 (7): 832-837.

[16] 郭施宏, 齐晔. 京津冀区域大气污染协同治理模式构建——基于府际关系理论视角 [J]. 中国特色社会主义研究, 2016 (3): 81-85.

[17] 阚海东, 陈秉衡. 我国大气颗粒物暴露与人群健康效应的关系 [D]. 环境与健康杂志, 2002.

[18] 贺克斌, 贾英韬, 马永亮, 等. 北京大气颗粒物污染的区域性本质 [J]. 环境科学学报, 2009, 29 (3): 482-487.

[19] 贺克斌, 杨复沫, 段凤魁. 大气颗粒物与区域复合污染 [M]. 北京: 科学出版社, 2011.

[20] 郝亮, 汪明月, 贾蕾, 等. 弥补外部性: 从环境经济政策到绿色创新体系——兼论应对中国环境领域主要矛盾的转换 [J]. 环境与可持续发展, 2019, 44 (3): 50-55.

[21] 贺璇, 王冰. 京津冀大气污染治理模式演进: 构建一种可持续合作机制 [J]. 东北大学学报 (社会科学版), 2016, 18 (1): 56-62.

[22] 洪国志, 胡华颖, 李郇. 中国区域经济发展收敛的空间计量分析 [J]. 地理学报, 2010, 65 (12): 1548-1558.

[23] 胡志高, 李光勤, 曹建华. 环境规制视角下的区域大气污染

联合治理——分区方案设计、协同状态评价及影响因素分析 [J]. 中国工业经济，2019 (5)：24-42.

[24] 华坚，朱文静，黄媛媛. 制造业与生产性服务业协同集聚对绿色发展效率的影响——以长三角城市群 27 个中心城市为例 [J]. 资源与产业，2021，23 (2)：61-72.

[25] 黄策，王雯，刘蓉. 中国地区间跨界污染治理的两阶段多边补偿机制研究 [J]. 中国人口·资源与环境，2017 (3)：138-145.

[26] 黄亚林，丁镭，张冉，等. 武汉市城市化过程中的空气质量响应研究 [J]. 安全与环境学报，2015，15 (3)：284-289.

[27] 黄德生，张世秋. 京津冀地区控制 PM2.5 污染的健康效益评估 [J]. 中国环境科学，2013，33 (1)：166-174.

[28] 姜珂，游达明. 基于区域生态补偿的跨界污染治理微分对策研究 [J]. 中国人口·资源与环境，2019 (1)：135-143.

[29] 金曼，田璐，佟俊旺. 我国大气 PM10 污染对人群死亡率影响的 meta 分析 [J]. 环境与健康杂志，2016，33 (8)：725-729.

[30] 冷艳丽，杜思正. 产业结构、城市化与雾霾污染 [J]. 中国科技论坛，2015 (9)：49-55.

[31] 李明全，王奇. 基于双主体博弈的地方政府任期对区域环境合作稳定性影响研究 [J]. 中国人口·资源与环境，2016，26 (3)：83.

[32] 李寿德，柯大钢. 环境外部性起源理论研究述评 [J]. 经济理论与经济管理，2000 (5)：63-66.

[33] 李惠娟，周德群，魏永杰. 我国城市 PM2.5 污染的健康风险及经济损失评价 [J]. 环境科学，2018 (8).

[34] 李莹，白墨，张巍，等. 改善北京市大气环境质量中居民支付意愿的影响因素分析 [J]. 中国人口·资源与环境，2002，12 (6)：123-126.

[35] 李文华，张彪，谢高地. 中国生态系统服务研究的回顾与展望 [J]. 自然资源学报，2009，24 (1)：1-10.

[36] 李文华，刘某承. 关于中国生态补偿机制建设的几点思考

[J]. 资源科学, 2010 (5).

[37] 李茜, 宋金平, 张建辉, 等. 中国城市化对环境空气质量影响的演化规律研究 [J]. 环境科学学报, 2013, 33 (9): 2402-2411.

[38] 李欣, 曹建华, 孙星. 空间视角下城市化对雾霾污染的影响分析——以长三角区域为例 [J]. 环境经济研究, 2017, 2 (2): 81-92.

[39] 刘薇. 京津冀大气污染市场化生态补偿模式建立研究 [J]. 管理现代化, 2015 (2): 64-65, 120.

[40] 刘睿劼, 张智慧. 中国工业二氧化硫排放趋势及影响因素研究 [J]. 环境污染与防治, 2012, 34 (10): 100-104.

[41] 刘薇. 京津冀大气污染市场化生态补偿模式建立研究 [J]. 管理现代化, 2015 (2): 64-65, 120.

[42] 刘钦普. 中国化肥投入区域差异及环境风险分析 [J]. 中国农业科学, 2014, 47 (18): 3596-3605.

[43] 卢洪友, 祁毓. 环境质量、公共服务与国民健康——基于跨国(地区)数据的分析 [J]. 财经研究, 2013 (6): 106-118.

[44] 路文芳, 武晓燕, 林海鹏, 等. 环境污染健康损害补偿办法探究——以中国现行人身损害赔偿法为借鉴 [J]. 环境科学与管理, 2013, 38 (6): 26-28, 58.

[45] 罗媞, 刘艳芳, 孔雪松. 中国城市化与生态环境系统耦合研究进展 [J]. 热带地理, 2014, 34 (2): 266-274.

[46] 罗冬林, 廖晓明. 合作与博弈: 区域大气污染治理的地方政府联盟——以南昌、九江与宜春 SO_2 治理为例 [J]. 江西社会科学, 2015, 35 (4): 79-83.

[47] 马丽梅, 张晓. 中国雾霾污染的空间效应及经济、能源结构影响 [J]. 中国工业经济, 2014 (4): 19-31.

[48] 毛显强, 钟瑜, 张胜. 生态补偿的理论探讨 [J]. 中国人口·资源与环境, 2002, 12 (4): 38-41.

[49] 莫莉, 余新晓, 赵阳, 等. 北京市区域城市化程度与颗粒物

污染的相关性分析 [J]. 生态环境学报, 2014, 23 (5): 806 - 811.

[50] 牛海鹏, 朱松, 尹训国, 张平淡. 经济结构、经济发展与污染物排放之间关系的实证研究 [J]. 中国软科学, 2012 (4): 160 - 166.

[51] 彭玏, 赵媛媛, 赵吉麟, 等. 京津冀大气污染传输通道区大气污染时空格局研究 [J]. 中国环境科学, 2019, 39 (2): 449 - 458.

[52] 秦耀辰, 谢志祥, 李阳. 大气污染对居民健康影响研究进展 [J]. 环境科学, 2019, 40 (3): 1512 - 1520.

[53] 任春艳, 吴殿廷, 董锁成, 等. 西北地区城市化与空气质量变化关系研究 [J]. 北京师范大学学报 (自然科学版), 2005, 41 (2): 204 - 208.

[54] 任亚运, 张广来. 城市创新能够驱散雾霾吗? ——基于空间溢出视角的检验 [J]. 中国人口·资源与环境, 2020, 30 (2): 111 - 120.

[55] 邵帅, 李欣, 曹建华. 中国的城市化推进与雾霾治理 [J]. 经济研究, 2019, 54 (2): 148 - 165.

[56] 史会剑, 管旭. 基于区域一体化的大气环境生态补偿制度研究 [J]. 环境与可持续发展, 2017, 42 (3): 27 - 30.

[57] 孙金龙. 深入学习贯彻党的十九届五中全会精神全面开启生态文明建设新征程 [J]. 中国生态文明, 2020 (6): 6 - 9.

[58] 唐湘博, 陈晓红. 区域大气污染协同减排补偿机制研究 [J]. 中国人口·资源与环境, 2017, 27 (9): 76 - 82.

[59] 唐跃军, 黎德福. 环境资本、负外部性与碳金融创新 [J]. 中国工业经济, 2010 (6): 5 - 14.

[60] 陶然, 陆曦, 苏福兵, 等. 地区竞争格局演变下的中国转轨: 财政激励和发展模式反思 [J]. 经济研究, 2009, 7 (2).

[61] 汪惠青, 单钰理. 生态补偿在我国大气污染治理中的应用及启示 [J]. 环境经济研究, 2020, 5 (2): 111 - 128.

[62] 汪小勇, 万玉秋, 姜文, 等. 美国跨界大气环境监管经验对

中国的借鉴［J］. 中国人口·资源与环境，2012，22（3）：118－123.

［63］王军锋，侯超波. 中国流域生态补偿机制实施框架与补偿模式研究——基于补偿资金来源的视角［J］. 中国人口·资源与环境，2013，23（2）：23－29.

［64］王立平，陈飞龙，杨然. 京津冀地区雾霾污染生态补偿标准研究［J］. 环境科学学报，2018，38（6）.

［65］王洁方，冯舒琪. 排污权转移视角下跨界水污染补偿标准研究［J］. 资源开发与市场，2019（3）：324－328，394.

［66］王文治，杨爽，王怡. 全球贸易隐含碳的责任共担及其跨区域补偿［J］. 环境经济研究，2019，4（3）：30－47.

［67］王志轩，潘荔，彭俊. 电力行业二氧化硫排放控制现状，费用及对策分析［J］. 环境科学研究，2005，18（4）：11－20.

［68］王少剑，方创琳，王洋. 京津冀地区城市化与生态环境交互耦合关系定量测度［J］. 生态学报，2015，35（7）：1－14.

［69］王庆松. 山东城市化发展战略对大气环境影响研究［D］. 济南：山东大学，2010：46－60.

［70］王俊，昌忠泽. 中国宏观健康生产函数：理论与实证［J］. 南开经济研究，2007（2）：20－42.

［71］王红梅，钟部卿，汪保录，等. 我国环境污染导致健康损害的赔偿保障体系思考［J］. 中国环境管理，2018（1）：38－42.

［72］王金南，宁淼，孙亚梅. 区域大气污染联防联控的理论与方法分析［J］. 环境与可持续发展，2012，37（5）：5－10.

［73］王占山，李晓倩，王宗爽，等. 空气质量模型 CMAQ 的国内外研究现状［J］. 环境科学与技术，2013，36（S1）：386－391.

［74］魏楚，沈满洪. 基于污染权角度的流域生态补偿模型及应用［J］. 中国人口·资源与环境，2011，21（6）：135－141.

［75］向堃，宋德勇. 中国省域 PM2.5 污染的空间实证研究［J］. 中国人口·资源与环境，2015，25（9）：153－159.

［76］谢旭轩. 健康的价值：环境效益评估方法与城市空气污染控

制策略 [D]. 北京：北京大学，2011.

[77] 谢宝剑，陈瑞莲. 国家治理视野下的大气污染区域联动防治体系研究——以京津冀为例 [J]. 中国行政管理，2014 (9)：6 - 10.

[78] 谢鹏，刘晓云，刘兆荣，等. 我国人群大气颗粒物污染暴露——反应关系的研究 [J]. 中国环境科学，2009，29 (10)：1034 - 1040.

[79] 谢志祥，秦耀辰，郑智成，等. 京津冀大气污染传输通道城市 PM2. 5 污染的死亡效应评估 [J]. 环境科学学报，2019，39 (3)：843 - 852.

[80] 谢杨，戴瀚程，等. PM2. 5 污染对京津冀地区人群健康影响和经济影响 [J]. 中国人口·资源与环境，2016，26 (11)：19 - 27.

[81] 许光清，董小琦. 基于合作博弈模型的京津冀散煤治理研究 [J]. 经济问题，2017 (2)：46 - 50.

[82] 薛俭，谢婉林，李常敏. 京津冀大气污染治理省际合作博弈模型 [J]. 系统工程理论与实践，2014，34 (3)：810 - 816.

[83] 杨宏伟，宛悦. 可计算一般均衡模型的建立及其在评价空气污染健康效应对国民经济影响中的应用 [J]. 环境与健康杂志，2005，22 (3)：166 - 170.

[84] 杨继生，徐娟，吴相俊. 经济增长与环境和社会健康成本 [J]. 经济研究，2013 (12)：17 - 29.

[85] 殷永文，程金平，段玉森，等. 上海市霾期间 PM2. 5、PM10 污染与呼吸科、儿呼吸科门诊人数的相关分析 [J]. 环境科学，2011，32 (7)：1894 - 1898.

[86] 余宇帆，卢清，郑君瑜，等. 珠江三角洲地区重点 VOC 排放行业的排放清单 [J]. 中国环境科学，2011，31 (2)：195 - 201.

[87] 曾贤刚，蒋妍. 空气污染健康损失中统计生命价值评估研究 [J]. 中国环境科学，2010，30 (2)：284 - 288.

[88] 曾贤刚，谢芳，宗佺. 降低 PM2. 5 健康风险的行为选择及支付意愿——以北京市居民为例 [J]. 中国人口·资源与环境，2015，

127 - 133.

［89］张强，霍红，贺克斌．中国人为源颗粒物排放模型及2001年排放清单估算［J］．自然科学进展，2006，16（2）：223 - 231.

［90］郑玉歆．环境影响的经济分析［M］．北京：社会科学文献出版社，2002.

［91］中华人民共和国环境保护部．中国环境质量报告［M］．北京：中国环境科学出版社，2015.

［92］周黎安．中国地方官员的晋升锦标赛模式研究［J］．经济研究，2007（7）：36 - 50.

［93］周文华，王如松，张克锋．人类活动对北京空气质量影响的综合生态评价［J］．生态学报，2005，25（9）：2214 - 2220.

［94］周一星．城市化与国民生产总值关系的规律性探讨［J］．人口与经济，1982，1（982）：1.

［95］朱英明，杨连盛，吕慧君，等．资源短缺，环境损害及其产业集聚效果研究——基于21世纪我国省级工业集聚的实证分析［J］．管理世界，2012，11（28）：4.

［96］Aikawa M，Ohara T，Hiraki T，et al. Significant geographic gradients in particulate sulfate over Japan determined from multiple - site measurements and a chemical transport model：Impacts of transboundary pollution from the Asian continent［J］. Atmospheric Environment，2010，44（3）：381 - 391.

［97］Alam S，Nurhidayah L. The international law on transboundary haze pollution：What can we learn from the Southeast Asia region?［J］. Review of European，Comparative & International Environmental Law，2017，26（3）：243 - 254.

［98］Andreoni J，Levinson A. The simple analytics of the environmental Kuznets curve［J］. Journal of Public Economics，2001，80（2）：269 - 286.

［99］Anselin L，Hudak S. Spatial econometrics in practice：A review of software options [J]. Regional Science and Urban Economics, 1992, 22 (3): 509-536.

[100] Apte J S, Brauer M, Cohen A J, et al. AEmbient PM2.5 Reduces Global and Regional Life Expectancy [J]. Environmental Science & Technology Letters, 2018 (5): 546-551.

[101] Apte J S, Marshall J D, Cohen A J, et al. Addressing global mortality from ambient PM2.5 [J]. Environmental Science & Technology, 2015, 49 (13): 8057-8066.

[102] Bagan H, Yamagata Y. Analysis of urban growth and estimating population density using satellite images of nighttime lights and land-use and population data [J]. GIScience & Remote Sensing, 2015, 52 (6): 765-780.

[103] Bell M L, Dominici F, Ebisu K, et al. Spatial and temporal variation in PM2.5 chemical composition in the United States for health effects studies [J]. Environmental Health Perspectives, 2007, 115 (7): 989-995.

[104] Brooks N, Sethi R. The Distribution of Pollution: Community Characteristics and Exposure to Air Toxics [J]. Journal of Environmental Economics & Management, 1997, 32 (2): 233-250.

[105] Chay K Y, Greenstone M. Does air quality matter? Evidence from the housing market [J]. Journal of political Economy, 2005, 113 (2): 376-424.

[106] Chang X, Wang S, Zhao B, et al. Contributions of inter-city and regional transport to PM2.5 concentrations in the Beijing-Tianjin-Hebei region and its implications on regional joint air pollution control [J]. Science of The Total Environment, 2019 (660): 1191-1200.

[107] Chen R J, Wang Xi, Meng X, et al. Communicating air pollution-related health risks to the public: an application of the air quality health index in Shanghai, China [J]. Environment International, 2013, 51

(1): 168 - 173.

[108] Chen Y, Ebenstein A, Greenstone M, et al. Evidence on the impact of sustained exposure to air pollution on life expectancy from China's Huai River policy [J]. Proceedings of the National Academy of Sciences, 2013, 110 (32): 12936 - 12941.

[109] Deryugina T, Heutel G, Miller N H, et al. The mortality and medical costs of air pollution: Evidence from changes in wind direction [J]. American Economic Review, 2019, 109 (12): 4178 - 4219.

[110] Di Q, Kloog I, Koutrakis P, et al. Assessing PM2.5 exposures with high spatiotemporal resolution across the continental United States [J]. Environmental Science & Technology, 2016, 50 (9): 4712 - 4721.

[111] Diao B, Ding L, Su P, et al. The spatial - temporal characteristics and influential factors of NO_x emissions in China: A spatial econometric analysis [J]. International Journal of Environmental Research and Public Health, 2018, 15 (7): 1405.

[112] Diao B, Ding L, Zhang Q, et al. Impact of Urbanization on-PM2.5 - Related Health and Economic Loss in China 338 Cities [J]. International Journal of Environmental Research and Public Health, 2020, 17 (3): 990.

[113] Dietz T, Rosa E. A. Rethinking the environmental impacts of population, affluence and technology [J]. Human Ecology Review, 1994 (2): 277 - 300.

[114] Ding L, Liu C, Chen K, et al. Atmospheric pollution reduction effect and regional predicament: An empirical analysis based on the Chinese provincial NO_x emissions [J]. Journal of Environmental Management, 2017 (196): 178 - 187.

[115] Dixit A, Olson M. Does voluntary participation undermine the Coase theorem? [J]. Journal of Public Economics, 2000, 76 (3): 309 - 335.

[116] Du Y, Wan Q, Liu H, et al. How does urbanization influence PM2.5 concentrations? Perspective of spillover effect of multi-dimensional urbanization impact [J]. Journal of Cleaner Production, 2019 (220): 974-983.

[117] Elhorst J P. Matlab software for spatial panels [J]. International Regional Science Review, 2012: 16.

[118] Elhorst J P. Specification and estimation of spatial panel data models [J]. International Regional Science Review, 2003, 26 (3): 244-268.

[119] Elvidge C. D., Baugh K. E., Dietz J. B, et al. Radiance calibration of DMSP-OLS low-light imaging data of human settlements [J]. Remote Sensing Environment, 1999, 68 (1): 77-88.

[120] Eyckmans J, Tulkens H. Simulating coalitionally stable burden sharing agreements for the climate change problem [J]. Resource & Energy Economics, 2003, 25 (4): 299-327.

[121] Fang, C L, Wang J. A theoretical analysis of interactive coercing effects between urbanization and eco-environment [J]. Chinese Geographical Science, 2013, 23 (2): 147-162.

[122] Fang C, Liu H, Li G, et al. Estimating the impact of urbanization on air quality in China using spatial regression models [J]. Sustainability, 2015, 7 (11): 15570-15592.

[123] Fang D, Wang Q, Li H, et al. Mortality effects assessment of ambient PM2.5 pollution in the 74 leading cities of China [J]. Science of The Total Environment, 2016 (569): 1545-1552.

[124] Fischer P H, Marra M, Ameling C B, et al. Air pollution and mortality in seven million adults: the Dutch Environmental Longitudinal Study (DUELS) [J]. Environmental Health Perspectives, 2015, 123 (7): 697-704.

[125] Finus M. New developments in coalition theory: an application to

the case of global Pollution [J]. The International Dimension of Environmental Policy, 2003: 1-32.

[126] Graff Zivin, Joshua and Matthew Neidell. The impact of pollution on worker productivity [J]. The American Economic Review, 2012, 102 (7): 3652-3673.

[127] Gryparis A, Forsberg B, Katsouyanni K, et al. Acute effects of ozone on mortality from the "air pollution and health: a European approach" project [J]. American Journal of Respiratory and Critical Care Medicine, 2004, 170 (10): 1080-1087.

[128] Gu Y, Yim S H L. The air quality and health impacts of domestic trans-boundary pollution in various regions of China [J]. Environment international, 2016 (97): 117-124.

[129] Gu Y, Zhang W, Yang Y, et al. Assessing outdoor air quality and public health impact attributable to residential black carbon emissions in rural China [J]. Resources, Conservation and Recycling, 2020 (159): 104812.

[130] Guan D, Su X, Zhang Q, et al. The socioeconomic drivers of China's primary PM2.5 emissions [J]. Environmental Research Letters, 2014, 9 (2): 024010.

[131] Gunningham N. The new collaborative environmental governance: the localization of regulation [J]. Journal of Law & Society, 2009, 36 (1): 145-166.

[132] Han L, Zhou W, Li W, et al. Global population exposed to fine particulate pollution by population increase and pollution expansion [J]. Air Quality, Atmosphere & Health, 2017, 10 (10): 1221-1226.

[133] Hammitt J K. Valuing mortality risk: theory and practice [J]. 2000: 1396-1400.

[134] Hanna R, Oliva P. The Effect of Pollution on Labor Supply: Evidence from a Natural Experiment in Mexico City [J]. Journal of Public

Economics, 2011 (122): 68 – 79.

[135] Jiao Y, Su M, Ji C, et al. How to design fully cooperative policies to abate transboundary air pollution between two highly asymmetric regions: An abnormal incrementalism analysis [J]. Journal of Cleaner Production, 2021 (278): 124042.

[136] Karagulian F, Temimi M, Ghebreyesus D, et al. Analysis of a severe dust storm and its impact on air quality conditions using WRF – Chem modeling, satellite imagery, and ground observations [J]. Air Quality, Atmosphere & Health, 2019, 12 (4): 453 – 470.

[137] Kaitala V, Pohjola M, Tahvonen O. An economic analysis of transboundary air pollution between Finland and the former Soviet Union [J]. The Scandinavian Journal of Economics, 1992: 409 – 424.

[138] Kappos A D, Bruckmann P, Eikmann T, et al. Health effects of particles in ambient air [J]. International Journal of Hygiene and Environmental Health, 2004, 207 (4): 399 – 407.

[139] Kan H, Chen B. Particulate air pollution in urban areas of Shanghai, China: health – based economic assessment [J]. Science of the Total Environment, 2004, 322 (1 – 3): 71 – 79.

[140] Kjellstrom T, Holmer I, Lemke B. Workplace heat stress, health and productivity an increasing challenge for low and middle – income countries during climate change [J]. Global Health Action, 2009 (2): 40 – 47.

[141] Krzyzanowski M, Cohen A. Update of WHO air quality guidelines [J]. Air Quality, Atmosphere & Health, 2008, 1 (1): 7 – 13.

[142] Krupnick A, Cropper M. The social costs of chronic heart and lung disease [J]. Paper QE, 1989: 89 – 16.

[143] Kuosmanen, T., Zhou, X., 2021. Shadow prices and marginal abatement costs: Convex quantile regression approach. Eur. J. Oper. Res. 289, 666 – 675. https://doi.org/10.1016/j.ejor.2020.07.036.

[144] Kuosmanen, T., Zhou, X., Dai, S., 2020. How much climate policy has cost for OECD countries? World Dev. 125, 104681. https://doi.org/10.1016/j.worlddev.2019.104681.

[145] Lelieveld J, Evans J S, Fnais M, et al. The contribution of outdoor air pollution sources to premature mortality on a global scale [J]. Nature, 2015, 525 (7569): 367.

[146] Li J, Zhu Y, Kelly J T, et al. Health benefit assessment of PM2.5 reduction in Pearl River Delta region of China using a model – monitor data fusion approach [J]. Journal of Environmental Management, 2019 (233): 489 – 498.

[147] Li G, Fang C, Wang S, et al. The effect of economic growth, urbanization, and industrialization on fine particulate matter (PM2.5) concentrations in China [J]. Environmental science & technology, 2016, 50 (21): 11452.

[148] Li S, Batterman S, Wasilevich E, et al. Association of daily asthma emergency department visits and hospital admissions with ambient air pollutants among the pediatric Medicaid population in Detroit: time – series and time – stratified case – crossover analyses with threshold effects [J]. Environmental Research, 2011, 111 (8): 1137 – 1147.

[149] Li T, Zhang Y, Wang J, et al. All – cause mortality risk associated with long – term exposure to ambient PM2.5 in China: a cohort study [J]. The Lancet Public Health, 2018, 3 (10): 470 – 477.

[150] Liu M, Huang Y, Jin Z, et al. The nexus between urbanization and PM2.5 related mortality in China [J]. Environmental Pollution, 2017 (227): 15 – 23.

[151] Lu X, Lin C, Li W, et al. Analysis of the adverse health effects of PM2.5 from 2001 to 2017 in China and the role of urbanization in aggravating the health burden [J]. Science of The Total Environment, 2019 (652): 683 – 695.

[152] Lu Y, Wang Y, Zhang W, et al. Provincial air pollution responsibility and environmental tax of China based on interregional linkage indicators [J]. Journal of Cleaner Production, 2019 (235): 337 - 347.

[153] Luechinger S. Life satisfaction and transboundary air pollution [J]. Economics Letters, 2010, 107 (1): 4 - 6.

[154] Luo M, Hou X, Gu Y, et al. Trans - boundary air pollution in a city under various atmospheric conditions [J]. Science of The Total Environment, 2018 (618): 132 - 141.

[155] Ma T, Zhou C, Pei T, et al. Quantitative estimation of urbanization dynamics using time series of DMSP/OLS nighttime light data: A comparative case study from China's cities [J]. Remote Sensing of Environment, 2012 (124): 99 - 107.

[156] Maji K J, Ye W F, Arora M, et al. PM2.5 - related health and economic loss assessment for 338 Chinese cities [J]. Environment International, 2018 (121): 392 - 403.

[157] Matus K, Nam K M, Selin N E, et al. Health damages from air pollution in China [J]. Global Environmental Change, 2012, 22 (1): 55 - 66.

[158] Min B S. Regional cooperation for control of transboundary air pollution in East Asia [J]. Journal of Asian Economics, 2002, 12 (1): 137 - 153.

[159] Muradian R, Corbera E, Pascual U, et al. Reconciling theory and practice: An alternative conceptual framework for understanding payments for environmental services [J]. Ecological Economics, 2010, 69 (6): 1202 - 1208.

[160] Nam K M, Selin N E, Reilly J M, et al. Measuring welfare loss caused by air pollution in Europe: A CGE analysis [J]. Energy Policy, 2010, 38 (9): 5059 - 5071.

[161] Northam R M. Urban geography [M]. John Wiley & Sons,

1979.

[162] Neidell M J. Air pollution, health, and socio – economic status: the effect of outdoor air quality on childhood asthma [J]. Journal of Health Economics, 2004, 23 (23): 1209 – 1236.

[163] Ostro B, Malig B, Broadwin R, et al. Chronic PM2.5 Exposure and Inflammation: Determining Sensitive Subgroups in Mid – life Women [J]. Environmental Research, 2014 (132): 168 – 175.

[164] Ou Y, West J J, Smith S J, et al. Air pollution control strategies directly limiting national health damages in the US [J]. Nature communications, 2020, 11 (1): 1 – 11.

[165] Park R J, Jacob D J, Field B D, et al. Natural and transboundary pollution influences on sulfate – nitrate – ammonium aerosols in the United States: Implications for policy [J]. Journal of Geophysical Research: Atmospheres, 2004, 109 (D15024).

[166] Park W. Alternative analysis of the transboundary air pollution problems in Northeast Asia [J]. Journal of Consulting & Clinical Psychology, 2009, 77 (5): 987 – 992.

[167] Pope Ⅲ C A, Ezzati M, Dockery D W. Fine – particulate air pollution and life expectancy in the United States [J]. New England Journal of Medicine, 2009, 360 (4): 376 – 386.

[168] Puig – Junoy J, Zamora A R. Socio – economic costs of osteoarthritis: a systematic review of cost – of – illness studies [J]. Seminars in arthritis and rheumatism. WB Saunders, 2015, 44 (5): 531 – 541.

[169] Ramsey N R, Klein P M, Moore Moore Ⅲ B. The impact of meteorological parameters on urban air quality [J]. Atmospheric Environment, 2014, 86 (4): 58 – 67.

[170] Sadorsky P. The effect of urbanization on CO_2 emissions in emerging economies [J]. Energy Economics, 2014 (41): 147 – 153.

[171] Schleicher N, Norra S, Chen Y, et al. Efficiency of mitigation

measures to reduce particulate air pollution—a case study during the Olympic Summer Games 2008 in Beijing, China [J]. Science of the Total Environment, 2012: 146, 427 - 428.

[172] Shi C, Nduka I C, Yang Y, et al. Characteristics and meteorological mechanisms of transboundary air pollution in a persistent heavy PM2.5 pollution episodes in Central - East China [J]. Atmospheric Environment, 2020 (223): 117239.

[173] Shi Y, Matsunaga T, Yamaguchi Y, et al. Long - term trends and spatial patterns of satellite - retrieved PM2.5 concentrations in South and Southeast Asia from 1999 to 2014 [J]. Science of The Total Environment, 2018 (615): 177 - 186.

[174] Shi Y, Xia Y, Lu B, et al. Emission inventory and trends of NO_x for China, 2000 - 2020 [J]. Journal of Zhejiang University SCIENCE A, 2014, 15 (6): 454 - 464.

[175] Su J G, Larson T, Gould T, et al. Transboundary air pollution and environmental justice: Vancouver and Seattle compared [J]. GeoJournal, 2010, 75 (6): 595 - 608.

[176] Sullivan N, Schoelles K M. Preventing in - facility pressure ulcers as a patient safety strategy: a systematic review [J]. Annals of internal medicine, 2013, 158 (5_Part_2): 410 - 416.

[177] Tessum C W, Hill J D, Marshall J D. InMAP: A model for air pollution interventions [J]. PloS one, 2017, 12 (4): e0176131.

[178] Tie X X, Cao J J. Aerosol pollution in China: Present and future impact on environment [J]. Particuology, 2009, 7 (6): 426 - 431.

[179] Thakrar S K, Goodkind A L, Tessum C W, et al. Life cycle air quality impacts on human health from potential switchgrass production in the United States [J]. Biomass and Bioenergy, 2018 (114): 73 - 82.

[180] Van Donkelaar A, Martin R V, Li C, et al. Regional Estimates of Chemical Composition of Fine Particulate Matter Using a Combined Geosci-

ence – Statistical Method with Information from Satellites, Models, and Monitors [J]. Environmental Science & Technology, 2019, 53 (5): 2595 – 2611.

[181] Viscusi W K, Magat W A, Huber J. Pricing environmental health risks: survey assessments of risk – risk and risk – dollar trade – offs for chronic bronchitis [J]. Journal of Environmental Economics and Management, 1991, 21 (1): 32 – 51.

[182] Waggoner P E. Agricultural technology and its societal implications [J]. Technology in Society, 2004, 26 (2 – 3): 123 – 136.

[183] Ware J H, Jr F B, Dockery D W, et al. Effects of ambient sulfur oxides and suspended particles on respiratory health of preadolescent children [J]. American Review of Respiratory Disease, 1986, 133 (5): 834 – 842.

[184] Wang Q S, Yuan X L, Lai Y H, et al. Research on interactive coupling mechanism and regularity between urbanization and atmospheric environment: a case study in Shandong Province, China [J]. Stochastic Environmental Research and Risk Assessment, 2012, 26 (7): 887 – 898.

[185] Wang Q S, Yuan X L, Zhang J, et al. Key evaluation framework for the impacts of urbanization on air environment – A case study [J]. Ecological Indicators, 2013, 24 (2): 266 – 272.

[186] Wang S J, Ma H T, Zhao Y B. Exploring the relationship between urbanization and the eco – environment – A case study of Beijing – Tianjin – Hebei region [J]. Ecological Indicators, 2014, 45 (10): 171 – 183.

[187] Wang S, Fang C, Guan X, et al. Urbanization, energy consumption, and carbon dioxide emissions in China: A panel data analysis of China's provinces [J]. Applied Energy, 2014 (136): 738 – 749.

[188] Wang S X, Hao J M. Air quality management in China: issues, challenges, and options [J]. Journal of Environmental Sciences, 2012, 24 (1): 2 – 13.

[189] Wang H B, Zhao L J, Xie Y J, et al. "APEC blue"—The effects and implications of joint pollution prevention and control program [J]. Science of the Total Environment, 2016a (553): 429-438.

[190] Wang P, Dai X G. "APEC Blue" association with emission control and meteorological conditions detected by multi-scale statistics [J]. Atmospheric Research, 2016b (s178-179): 497-505.

[191] Wang Q, Wang J, He M Z, et al. A county-level estimate of PM2.5 related chronic mortality risk in China based on multi-model exposure data [J]. Environment international, 2018 (110): 105-112.

[192] Wang G, Gu S J, Chen J, et al. Assessment of health and economic effects by PM2.5 pollution in Beijing: a combined exposure-response and computable general equilibrium analysis [J]. Environmental Technology, 2016c, 37 (24): 3131-3138.

[193] World Bank. Cost of pollution in China: Economic estimates of physical damages [J]. 2007.

[194] Williams R C. Environmental Tax Interactions When Pollution Affects Health or Productivity [J]. Journal of Environmental Economics and Management, 2000, 44 (2): 261-270.

[195] Wunder S. Revisiting the concept of payments for environmental services [J]. Ecological Economics, 2015 (117): 234-243.

[196] Xie Y, Dai H, Dong H, et al. Economic impacts from PM2.5 pollution-related health effects in China: a provincial-level analysis [J]. Environmental Science & Technology, 2016, 50 (9): 4836-4843.

[197] Xu B, Lin B. How industrialization and urbanization process impact on CO_2 emissions in China: evidence from nonparametric additive regression models [J]. Energy Economics, 2015 (48): 188-202.

[198] Xu H, Bechle M J, Wang M, et al. National PM2.5 and NO_2 exposure models for China based on land use regression, satellite measurements, and universal kriging [J]. Science of the Total Environment, 2019

(655): 423 -433.

[199] Yang Z, Liu P, Xu X. Estimation of social value of statistical life using willingness - to - pay method in Nanjing, China [J]. Accident Analysis & Prevention, 2016 (95): 308 -316.

[200] York R. , Rosa E. A. , Dietz T. Bridging Environmental Science with Environmental Policy: Plasticity of Population, Affluence, and Technology [J]. Social Science Quarterly, 2002, 83 (1): 13 -28.

[201] Zhang Q, Seto K C. Mapping urbanization dynamics at regional and global scales using multi - temporal DMSP/OLS nighttime light data [J]. Remote Sensing of Environment, 2011, 115 (9): 2320 -2329.

[202] Zhang T, Zou H. Fiscal decentralization, public spending, and economic growth in China [J]. Journal of public economics, 1998, 67 (2): 221 -240.

[203] Zhang X, Ou X, Yang X, et al. Socioeconomic burden of air pollution in China: Province - level analysis based on energy economic model [J]. Energy Economics, 2017 (68): 478 -489.

[204] Zhao M, Cheng W, Zhou C, et al. Assessing spatiotemporal characteristics of urbanization dynamics in Southeast Asia using time series of DMSP/OLS nighttime light data [J]. Remote Sensing, 2018, 10 (1): 47.

[205] Zheng B, Huo H, Zhang Q, et al. High - resolution mapping of vehicle emissions in China in 2008 [J]. Atmospheric Chemistry & Physics, 2014, 14 (18).